21世纪高等院校
数字艺术类规划教材

Animate CC

动画制作基础与案例 实战教程

微课版

陈金梅 李胡媛 主编

施盛江 万文兵 雷鸣 副主编

人民邮电出版社

北 京

图书在版编目（CIP）数据

Animate CC动画制作基础与案例实战教程：微课版 /
陈金梅，李胡媛主编. -- 北京：人民邮电出版社，
2021.8（2023.4重印）
21世纪高等院校数字艺术类规划教材
ISBN 978-7-115-55432-1

Ⅰ．①A… Ⅱ．①陈… ②李… Ⅲ．①动画制作软件—
高等学校—教材 Ⅳ．①TP391.414

中国版本图书馆CIP数据核字(2020)第237390号

内 容 提 要

本书由浅入深、循序渐进地介绍了 Adobe 公司推出的动画制作软件 Animate CC 2020 的操作基础和应用技巧。全书共 11 章，分别介绍了 Animate CC 基础入门、绘制和编辑图形、添加和编辑文本、导入资源和元件应用、制作基础动画、制作图层动画、制作 3D 动画和骨骼动画、使用脚本制作交互式动画、使用动画组件和代码片段、动画影片的发布和导出，以及 Animate CC 实战综合案例等内容。

本书具有很强的实用性，适合作为高等院校及各类社会培训学校的教材，也适合作为广大初、中级动画制作爱好者的参考书。

◆ 主　　编　陈金梅　李胡媛
　　副 主 编　施盛江　万文兵　雷　鸣
　　责任编辑　许金霞
　　责任印制　王　郁　马振武
◆ 人民邮电出版社出版发行　　北京市丰台区成寿寺路 11 号
　　邮编　100164　电子邮件　315@ptpress.com.cn
　　网址　https://www.ptpress.com.cn
　　固安县铭成印刷有限公司印刷
◆ 开本：787×1092　1/16
　　印张：14　　　　　　　　　　　2021 年 8 月第 1 版
　　字数：358 千字　　　　　　　2023 年 4 月河北第 3 次印刷

定价：49.80 元

读者服务热线：(010)81055256　印装质量热线：(010)81055316
反盗版热线：(010)81055315
广告经营许可证：京东市监广登字 20170147 号

前言
PREFACE

本书内容介绍

中文版 Animate CC 2020（以下简称 Animate CC）是 Adobe 公司推出的专业动画制作软件，目前正被广泛应用于美术设计、网页制作、多媒体软件制作及教学光盘制作等诸多领域。新版本的 Animate 软件在原有版本的基础上改进了诸多功能，增强了编码功能和云操作技术，以便制作出更丰富的网络动画。

本书全面、翔实地介绍了 Animate CC 的功能及使用方法。通过本书的学习，读者可以把基本知识和实战操作结合起来，快速、全面地掌握 Animate

CC 的使用方法和操作技巧。全书共分为 11 章，主要内容如下。

第 1 章介绍 Animate CC 的基础知识，包括 Animate 动画制作流程、新增功能、界面元素、基础操作以及自定义工作环境等内容。

第 2 章介绍绘制和编辑图形的方法，包括图形知识讲解、绘制线条轮廓图形、填充图形以及各种图形操作工具的应用等内容。

第 3 章介绍添加和编辑文本的方法，包括文本的编辑和各种效果的添加等内容。

第 4 章介绍导入资源和元件应用，包括导入图形、声音、视频、元件、实例和库等内容。

第 5 章介绍基础动画的制作方法，包括制作逐帧动画、补间形状动画和传统补间动画等内容。

第 6 章介绍图层动画的制作方法，包括制作引导层动画、遮罩层动画、摄像头动画以及多场景动画等内容。

第 7 章介绍 3D 动画和骨骼动画的制作方法，包括制作 3D 动画和使用【骨骼工具】等内容。

第 8 章介绍使用脚本制作交互式动画的方法，包括 ActionScript 的使用基础和交互式处理对象的应用等内容。

第 9 章介绍使用动画组件和代码片段的方法，包括创建 UI 组件和使用代码片段等内容。

第 10 章介绍动画影片的发布和导出，包括影片发布的设置和导出影片的方式等内容。

第 11 章介绍使用 Animate CC 制作综合案例，包括游戏制作、广告制作和课件制作等内容。

本书特色

本书内容全面、案例丰富，对 Animate CC 进行了全面详细的讲解。在讲述基本知识点和基础操作的同时列举了大量典型实例，这些实例融合了知识点和操作技巧，具有极强的实战性。读者通过这些实例不仅可以更好地掌握使用 Animate CC 制作动画的方法和技巧，还可以达到融会贯通、灵活运用的目的。

本书配备了丰富的教学资源，包括素材文件、效果文件、教学课件等资源，同时精选典型案例录制了操作视频，扫描二维码即可观看。

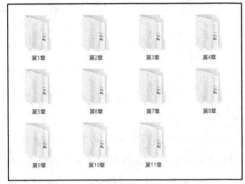

素材及效果文件　　　　　　　　　　　　　　　　　教学课件

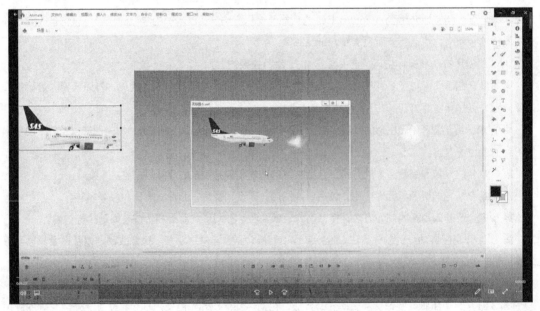

微课视频

读者定位

本书可作为高等院校及各类社会培训学校游戏、动漫、数字媒体技术、艺术设计等专业的教材，也可作为动画爱好者及动画制作等从业人员的参考书。

作者

2021 年 2 月

目录 CONTENTS

第 1 章
Animate CC 基础入门

Animate 动画是目前最流行的矢量动画之一，被广泛应用于互联网、多媒体课件制作以及游戏软件制作等领域。Adobe Animate CC 可以让用户在一个基于时间轴的创作环境中创建角色动画、广告、社交视频、游戏视频、教育视频等内容。本章将简单介绍 Animate CC 的基础入门知识。

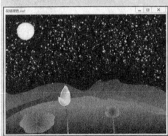

1.1 Animate CC 动画设计基础

Animate CC 是 Adobe 公司出品的一款基于矢量的动画制作和交互设计软件。它不仅可以通过文字、图片、视频以及声音等综合手段制作动画，还可以通过强大的交互功能实现与观众之间的互动。

1.1.1 Animate CC 动画的基本知识

Adobe Animate CC 由原 Adobe Flash Professional CC 更名得来，除了维持原有 Flash 开发工具支持外，还新增了 HTML 5 等创作工具。

Adobe Animate CC 2020（以下简称 Animate CC）是其最新版本，它是矢量图编辑和动画创作的专业软件，能将矢量图、位图、音频、动画和深层的交互动作有机、灵活地结合在一起，创建美观、新奇、交互性强的动画作品。

与其他动画制作软件制作出的动画相比，Animate CC 动画主要有以下几个特点。

▶ 使用矢量图像：有别于普通位图，矢量图像无论放大多少倍都不会失真，因此 Animate CC 动画的灵活性较强，其对情节和画面的刻画也往往更加优秀，以便在短时间内传达出深刻的感受。

▶ 强大的网络传播能力：由于 Animate CC 动画文件较小且是矢量图，因此它的网络传输速度优于其他动画文件，从而减少了用户下载等待的时间，且其采用的流式播放技术，可以支持用户以边看边下载的模式欣赏动画。

▶ 具有交互性：Animate CC 动画能更好地满足用户的交互需要。设计者可以在动画中加入滚动条、复选框、下拉菜单等各种交互组件，使观看者可以通过单击、选择等动作决定动画运行过程和结果。

▶ 平台广泛支持：任何安装有 HTML5 插件的网页浏览器都可以观看 Animate CC 动画，在平板和手机等新兴多媒体平台上，也可以播放 Animate CC 动画。

Animate CC 动画被延伸到了多个领域。不仅可以在浏览器中观看，还具有可以在独立的播放器中播放的特性。它可以在制作诸如多媒体动画、Animate CC 小游戏、教学课件、动态网站广告等多个领域发挥独有的作用。图 1-1 所示即为用 Animate CC 制作的网页。

图 1-1

1.1.2 Animate CC 动画制作流程

Animate CC 动画的制作需要经过很多环节，每个环节都相当重要。如果处理不好，会直接影响到动画的效果。要构建 Animate CC 动画，通常需要执行下列基本步骤。

▶ 计划应用程序：确定应用程序要执行哪些基本任务。

▶ 添加媒体元素：创建并导入媒体元素，如图像、视频、声音和文本等。图 1-2 所示为插入了一个视频媒体文件。

图 1-2

▶ 排列元素：在舞台上和时间轴中排列这些媒体元素，以定义它们在应用程序中显示的时间和显示方式。

▶ 应用特殊效果：根据需要应用图形滤镜（如模糊、发光和斜角）、混合和其他特殊效果。图 1-3 所示为在图案上添加了滤镜效果。

图1-3

▶ 使用 ActionScript 控制行为：编写 ActionScript 代码以控制媒体元素的行为方式，包括这些元素对用户交互的响应方式。图 1-4 所示为在【动作】面板中添加了 ActionScript 代码。

图1-4

▶ 测试并发布应用程序：进行测试以验证应用程序是否按预期工作，查找并修复所遇到的错误；在整个创建过程中应不断测试应用程序，用户可以在 Animate CC 和 AIR Debug Launcher 中测试文件；最后将文件发布为可在网页中显示并可使用 Flash Player 播放的 SWF 文件或其他格式文件。

➕ **知识点滴**

可以根据实际的制作需求，调整制作步骤的顺序。

1.1.3　Animate CC 的新增功能

Animate CC 为游戏设计人员、开发人员、动画制作人员及教育内容编创人员推出了很多激动人心的新功能。

▶ 重新设计了用户界面：更新后的用户界面通过其设计和新增的功能，使 Animate 变得更加直

观易用。

▶ 增强的【属性】面板：【属性】面板的新界面进行了改进，只需单击一次，即可查看不同选项卡中（例如【工具】、【对象】、【帧】和【文档】）各种选项的属性，如图 1-5 所示。

图1-5

▶ 个性化工具栏：用户可以设计自定义工具栏，即用户可以根据需要添加、删除、分组或重新排序工具栏中的工具。新的分隔条将工具栏拆分成了多个组，以形成分区，通过分隔条的支持，用户可将各组工具分开，并使其更加靠近工作区域，如图 1-6 所示。

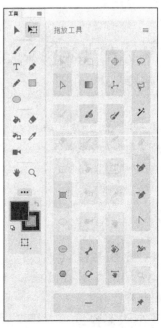

图1-6

▶ 全新的【流畅画笔工具】：新增的【流畅画笔工具】在绘制的同时生成更佳的笔触实时预览，除了【大小】、【角度】和【曲线平滑】之类的常规属性外，还包含【压力】和【速度】两个属性，如图 1-7 所示。

图 1-7

▶ 增强视频导出：Animate CC 现已全面使用 Adobe Media Encoder，以实现无缝的媒体导出；此外，使用 Animate CC 还可以将动画导出为使用范围更广的媒体格式。

1.2 认识 Animate CC 的界面元素

用户要正确、高效地运用 Animate CC 制作动画，首先需要熟悉 Animate CC 的工作界面以及工作界面中各部分的功能。

1.2.1 主屏

在默认情况下，启动 Animate CC 会打开一个主页，如图 1-8 所示。通过它可以快速创建 Animate CC 文档和打开相关项目。

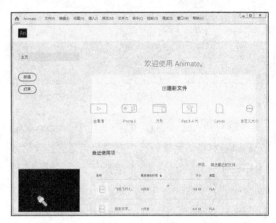

图 1-8

主屏上有几个常用选项，其作用分别如下。

▶ 【新建】按钮：可以创建【角色动画】、【社交】、【游戏】、【教育】、【广告】、【Web】、【高级】等各种文档。

▶ 【打开】按钮：可以打开最近打开过的文件。

▶ 【创建新文件】：在该区域可以快速新建不同类型的常用文档。

▶ 【最近使用项】：在该区域会列出最近打开过的文档。

单击标题栏的【主屏】按钮 ⌂ 也可以打开主屏。

1.2.2 标题栏

Animate CC 的标题栏包括【窗口管理】按钮、【工作区】按钮、菜单栏等，如图 1-9 所示。

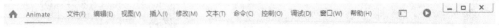

图 1-9

▶ 【窗口管理】按钮 ▬ ⬜ ✕ ：包括【最小化】、【最大化】、【关闭】按钮，和普通窗口的管理按钮一样。

▶ 【工作区】按钮 ▯ ：该按钮提供了多种工作区模式供用户选择，包括【传统】、【动画】、【基本】、【基本功能】、【小屏幕】、【调试】、【开发人员】、【设计人员】等。用户单击该按钮，在弹出的下拉菜单中选择相应的选项即可切换工作区模式，如图 1-10 所示。

图 1-10

> 菜单栏：包括【文件】、【编辑】、【视图】、
【插入】、【修改】、【文本】、【命令】、【控制】、
【调试】、【窗口】与【帮助】等下拉菜单。图 1-11
所示为【文件】下拉菜单。

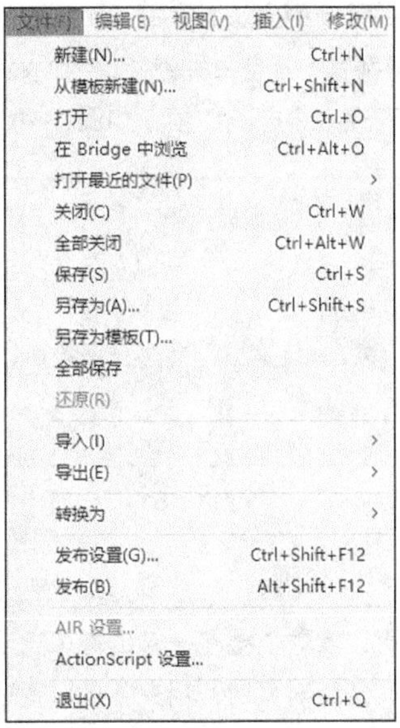

文件(F)	编辑(E)	视图(V)	插入(I)	修改(M)
新建(N)...				Ctrl+N
从模板新建(N)...				Ctrl+Shift+N
打开				Ctrl+O
在 Bridge 中浏览				Ctrl+Alt+O
打开最近的文件(P)				
关闭(C)				Ctrl+W
全部关闭				Ctrl+Alt+W
保存(S)				Ctrl+S
另存为(A)...				Ctrl+Shift+S
另存为模板(T)...				
全部保存				
还原(R)				
导入(I)				
导出(E)				
转换为				
发布设置(G)...				Ctrl+Shift+F12
发布(B)				Alt+Shift+F12
AIR 设置...				
ActionScript 设置...				
退出(X)				Ctrl+Q

图 1-11

1.2.3 【工具】面板

Animate CC 的【工具】面板中包含了用于创
建和编辑图像、图稿、页面元素的所有工具。使用
这些工具可以进行绘图、选取对象、喷涂、修改及
编排文字等操作。

和以前的版本相比，最新版的【工具】面板可

以根据需要添加、删除、分组或重新排序工具。单
击 ••• 按钮打开【拖放工具】面板，用户可以将未
显示在【工具】面板中的工具按钮拖放到【工具】
面板中。反之，用户也可以将【工具】面板中的各
种工具按钮拖放到【拖放工具】面板中。用户还可
以单击【间隔条】按钮在【工具】面板中添加间隔
条，从而自定义工具按钮的类型。

图 1-12 展示了如何从【工具】面板中拖放
【任意变形工具】按钮到【拖放工具】面板中。

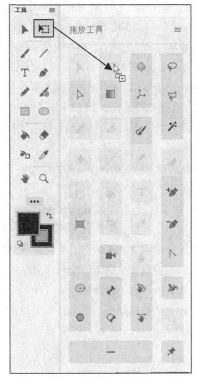

图 1-12

1.2.4 【时间轴】面板

时间轴用于组织和控制影片内容在一定时间
内播放的层数和帧数。动画影片将时间长度划分为
帧。图层相当于层叠的幻灯片，每个图层都包含一
个显示在舞台中的不同图像。

在【时间轴】面板中，左边上方的几个按钮用
于调整图层的状态和创建图层。在帧区域中，顶部
的标号是帧的编号，播放头指示了当前舞台中显示
的帧。在该面板中帧上面显示的按钮用于改变帧的
显示状态，指示当前帧的编号、帧频和到当前帧为
止动画的播放时间等，如图 1-13 所示。

图1-13

1.2.5 帧

帧是 Animate CC 动画的最基本组成部分，Animate CC 动画是由不同的帧组合而成的。时间轴是摆放和控制帧的地方，帧在时间轴上的排列顺序将决定动画的播放顺序。

在 Animate CC 中用来控制动画播放的帧具有不同的类型。选择【插入】|【时间轴】命令，在弹出的子菜单中显示了帧、关键帧和空白关键帧3种类型的帧。

不同类型的帧在动画中发挥的作用也不相同，这3种类型的帧的具体作用如下。

▶ 帧（普通帧）：连续的普通帧在时间轴上用灰色显示，并且在连续普通帧的最后一帧中有一个竖线，如图 1-14 所示。连续普通帧的内容都相同，在修改其中的某一帧时其他帧的内容也会同时被更新。由于普通帧的这个特性，故而常被用来放置动画中静止不变的对象（如背景和静态文字）。

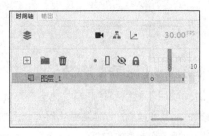

图1-14

▶ 关键帧：关键帧在时间轴中是含有黑色实心圆点的帧，是用来定义动画变化的帧，也是在动画制作过程中最为重要的帧类型，如图 1-15 所示。关键帧的使用不能太频繁，过多的关键帧会增大文件的大小。补间动画的制作就是通过关键帧内插的方法实现的。

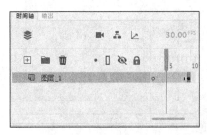

图1-15

▶ 空白关键帧：在时间轴中插入关键帧后，左侧相邻帧的内容就会自动复制到该关键帧中，如果不想让新关键帧继承相邻左侧帧的内容，可以采用插入空白关键帧的方法。在每一个新建的 Animate CC 文档中都有一个空白关键帧，空白关键帧在时间轴中是含有空心小圆圈的帧，如图 1-16 所示。

图1-16

1.2.6 图层

图层可以看作重叠在一起的许多透明胶片，当图层上没有任何对象时，用户就可以透过上层的图层看到下层图层中的内容，可以在不同图层上编辑不同的元素。

图层位于【时间轴】面板的左侧，在 Animate CC 中，图层共分为 5 种类型，即一般图层、引导层、被引导层、遮罩层、被遮罩层，如图 1-17 所示。

这5种图层类型详细说明如下。

▶ 一般图层：普通状态下的图层，这种类型图层名称的前面会显示普通图层图标▢。

图 1-17

▶ 引导层：在引导层中可以设置运动路径，用来引导被引导层中的对象依照运动路径进行移动。当某图层被设置成引导层时，其图层名称的前面会出现一个运动引导层图标 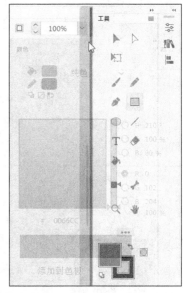，其图层的下方图层会默认为被引导层。如果引导层下没有任何图层作为被引导层，那么在该引导层名称的前面就会出现一个引导层图标 。

▶ 被引导层：被引导层与其上的引导层相辅相成，当上一个图层被设定为引导层时，这个图层会自动转变成被引导层，且图层名称会自动进行缩排，被引导层的图标和一般图层一样。

▶ 遮罩层：放置遮罩物的图层。当设置某个图层为遮罩层时，该图层的下一图层便被默认为被遮罩层。这种类型的图层名称的前面有一个遮罩层图标 。

▶ 被遮罩层：被遮罩层是与遮罩层对应的、用来放置被遮罩物的图层。这种类型的图层名称的前面有一个被遮罩层的图标 。

1.2.7　面板集

面板集可用来管理 Animate CC 的面板，它能把所有面板都嵌入同一个面板中。用户可以通过面板集对工作界面的面板布局进行重新组合，以适应不同的工作需求。

1. 面板集的基本操作

面板集的基本操作主要有以下几项。

▶ Animate CC 提供了 8 种工作区面板集的布局方式，单击标题栏的【工作区】按钮，在弹出的下拉菜单中选择相应命令，即可在 8 种布局方式间切换。

▶ 除了使用预设的几种布局方式以外，用户还可以对面板集进行手动调整。用鼠标左键单击并拖动面板的标题栏即可对其进行任意移动，当被拖动的面板停靠在其他面板旁边时，会在其边界处出现一个蓝

边的半透明条，如果此时释放鼠标，则被拖动的面板会停放在半透明条位置。图 1-18 和图 1-19 展示了如何将【颜色】面板拖动到【工具】面板左侧。

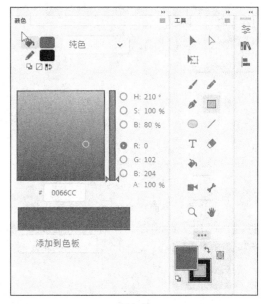

图 1-18

图 1-19

▶ 将一个面板拖放到另一个面板中，目标面板会呈现蓝色的边框，如果此时释放鼠标，被拖放的面板将会以选项卡的形式出现在目标面板中。图 1-20 和图 1-21 展示了如何将【属性】面板拖动到【库】面板中。

图1-20

图1-21

▶ 当面板处于面板集中时，单击面板集顶端的【折叠为图标】按钮 ◀◀，可以将整个面板集中的面板以图标方式显示，如图 1-22 所示。再次单击该按钮，才会恢复面板的显示。

图1-22

2. 常用面板

常用的面板有【颜色】、【库】、【属性】、【变形】、

【对齐】、【动作】等。这几种常用面板简介如下。

▶【颜色】面板：选择【窗口】|【颜色】命令，或按 Ctrl+Shift+F9 组合键，可以打开【颜色】面板。该面板用于给对象设置边框颜色和填充颜色，如图 1-23 所示。

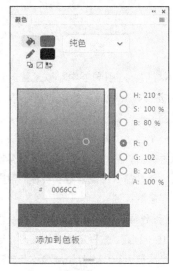

图1-23

▶【库】面板：选择【窗口】|【库】命令，或按 Ctrl+L 组合键，打开【库】面板。该面板用于存储用户创建的组件等内容，用户在导入外部素材时也可以将之导入【库】面板中，如图 1-24 所示。

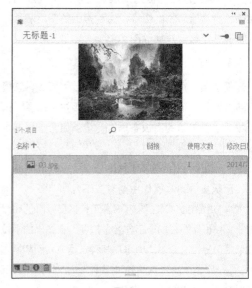

图1-24

▶【属性】面板：选择【窗口】|【属性】命令，

或按 Ctrl+F3 组合键，可以打开【属性】面板。根据用户选择对象的不同，【属性】面板会显示出不同的信息，如图 1-25 所示。

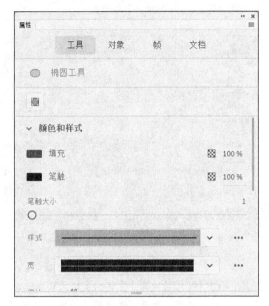

图 1-25

▶【变形】面板：选择【窗口】|【变形】命令，或按 Ctrl+T 组合键，可以打开【变形】面板。在该面板中，用户可以对所选对象进行放大与缩小、设置对象的旋转角度和倾斜角度，以及设置 3D 旋转度数和中心点位置等操作，如图 1-26 所示。

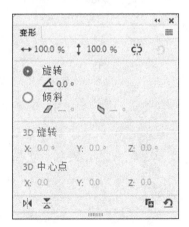

图 1-26

▶【对齐】面板：选择【窗口】|【对齐】命令，或按 Ctrl+K 组合键，可以打开【对齐】面板。在该面板中，用户可以对所选对象进行对齐和分布的操作，如图 1-27 所示。

图 1-27

▶【动作】面板：选择【窗口】|【动作】命令，或按 F9 键，可以打开【动作】面板。在该面板中，左侧是路径目录形式，右侧是参数设置区域和脚本编写区域；用户在编写脚本时，可以直接在右侧脚本编写区域中直接编写，如图 1-28 所示。

图 1-28

1.2.8　舞台

舞台是用户进行动画创作的可编辑区域，可以在其中直接绘制插图，也可以在舞台中导入需要的插图、媒体文件等，其默认状态是一幅白色背景。

舞台上方为编辑栏，其中包含了【编辑元件】按钮、【编辑场景】按钮、【舞台居中】按钮、【旋转工具】按钮、【剪切掉舞台范围以外的内容】按钮、缩放下拉列表框等元素。编辑栏的上方是标签栏，其中显示了文档的名字，如图 1-29 所示。

要修改舞台的属性，先选择【修改】|【文档】命令，打开【文档设置】对话框。再根据需要修改舞台的尺寸、颜色、帧频等属性，修改完成后，单击【确定】按钮，如图 1-30 所示。

图1-29

图1-30

若要在工作时更改舞台的视图，可以使用放大和缩小功能。若要在舞台上定位项目，可以使用网格、辅助线和标尺等舞台工具进行辅助。

1. 缩放舞台

要在屏幕上查看整个舞台，或要以高缩放比率查看绘图的特定区域，可以更改缩放比率级别。

➤ 若要放大某个元素，请选择【工具】面板中的【缩放工具】Q，然后单击该元素。若要在放大或缩小之间切换【缩放工具】，请使用【放大】或【缩小】功能键（当【缩放工具】处于选中状态时，功能键位于【工具】面板的选项区域中）。

➤ 要放大绘图的特定区域，使其填充窗口，请使用【缩放工具】Q 在舞台上拖出一个矩形选取框。

➤ 要放大或缩小整个舞台，请选择【视图】|【放大】或【视图】|【缩小】命令。

➤ 要放大或缩小特定的百分比，请选择【视图】|【缩放比率】命令，然后从子菜单中选择一个百分比选项，如图 1-31 所示。或者从文档窗口右上角的缩放控件中选择一个百分比。

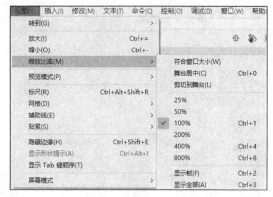

图1-31

➤ 要缩放舞台以完全适合应用程序窗口，请选择【视图】|【缩放比率】|【符合窗口大小】命令。

➤ 要显示整个舞台，请选择【视图】|【缩放比率】|【显示帧】命令，或从文档窗口右上角的缩放控件中选择【显示帧】选项。

➤【属性】面板中的【缩放内容】复选框允许用户根据舞台大小缩放舞台上的内容。勾选此复选框后，如果调整了舞台大小，其中的内容便会随舞台同比例放大或缩小，如图 1-32 所示。

图1-32

2．旋转舞台

Animate CC 中的【旋转工具】允许用户临时旋转舞台视图。

单击舞台编辑栏中的【旋转工具】按钮 🖑，屏幕上会出现一个十字形的旋转轴心点。如果想更改轴心点的位置，在需要的位置单击鼠标即可。设好轴心点后，就能围绕轴心点拖动鼠标指针来旋转视图了，如图 1-33 所示。

图 1-33

3．标尺

舞台中还包含一些辅助工具，用以在舞台上精确绘制和设置对象。例如，标尺显示在舞台设计区内的上方和左侧，是用于显示尺寸的工具。用户选择【视图】|【标尺】命令，可以显示或隐藏标尺，如图 1-34 所示。

图 1-34

要指定文档的标尺度量单位，请选择【修改】|【文档】命令，打开【文档设置】对话框，然后从【单位】下拉列表框中选择一个其他度量单位，如

图 1-35 所示。

图 1-35

4．辅助线

辅助线可用来对齐文档中的各种元素。用户只需将鼠标指针置于标尺上方，然后按住鼠标左键，将其向下拖动到执行区内（或从左侧标尺向右拖动），即可为文档添加一条辅助线，如图 1-36 所示。

图 1-36

设置辅助线的操作有如下几种。

➤　要移动辅助线，可先使用【选取工具】单击标尺上的任意一处，再将辅助线拖动到舞台上需要的位置。

➤　要锁定辅助线，请选择【视图】|【辅助线】|【锁定辅助线】命令。

➤　要清除辅助线，请选择【视图】|【辅助线】|【清除辅助线】命令。如果在文档编辑模式下，则会清除文档中的所有辅助线。如果在元件编辑模式下，则只会清除元件中使用的辅助线。

➤　要删除辅助线，请在辅助线处于解除锁定状态时，使用【选取工具】将辅助线拖动到水平或垂直标尺上。

➤ 选择【视图】|【辅助线】|【编辑辅助线】命令，打开【辅助线】对话框，在其中可以设置辅助线的颜色、对齐精确度等，如图 1-37 所示。

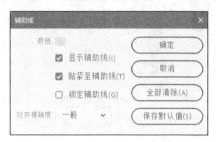

图 1-37

5. 网格

网格是用来对齐图像的网状辅助线工具。选择【视图】|【网格】|【显示网格】命令，即可在文档中显示或隐藏网格，如图 1-38 所示。

图 1-38

选择【视图】|【网格】|【编辑网格】命令，打开【网格】对话框，在其中可以设置网格的各种属性，如图 1-39 所示。

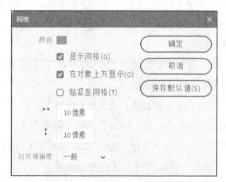

图 1-39

【例 1-1】打开一个文档，练习舞台的基础操作。

step① 启动 Animate CC，打开一个素材文档，单击【舞台居中】按钮✛使舞台居中显示，如图 1-40 所示。

图 1-40

step② 单击【旋转工具】按钮，使舞台中央出现旋转轴心点，拖动鼠标指针向右旋转，如图 1-41 所示。

图 1-41

step③ 双击【旋转工具】按钮，可将舞台恢复成水平显示效果。

step④ 选择【工具】面板中的【缩放工具】，将鼠标指针显示为放大镜形状时，单击舞台将其放大显示，如图 1-42 所示。

step⑤ 选择【工具】面板中的【手形工具】，将鼠标指针显示为手掌形状时，将鼠标指针向右拖动，舞台向右移动，如图 1-43 所示。

图1-42

图1-43

step 6　按 Ctrl+Z 组合键返回初始状态，选择【视图】|【标尺】命令，显示标尺，如图 1-44 所示。

图1-44

step 7　选择【视图】|【网格】|【显示网格】命令，显示网格线，如图 1-45 所示。

step 8　将鼠标指针置于标尺上方，然后按住鼠标左键，将其向下拖动至出现辅助线，对齐到网格线

上，如图 1-46 所示。

图1-45

图1-46

step 9　选择【视图】|【辅助线】|【编辑辅助线】命令，打开【辅助线】对话框，设置辅助线的颜色为红色，如图 1-47 所示。

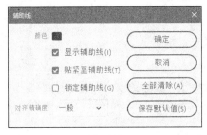

图1-47

1.3　Animate CC 中文档的基础操作

在 Animate CC 中，用户可以处理各种类型的

文档，下面学习如何新建、打开、关闭以及保存 Animate CC 文档。

1.3.1 新建 Animate CC 文档

Animate CC 支持很多文档格式，如 FLA、XFL、SWF、AS、JSFL、HTML5 Canvas、WebGL 等。

新建一个 Animate CC 动画文档有新建空白文档和新建模板文档两种方式。

1. 新建空白文档

用户可以在主屏单击【新建】按钮，或者使用【文件】|【新建】命令，打开【新建文档】对话框进行新建文档的操作。

【例 1-2】在 Animate CC 中新建一个 HTML5 Canvas 格式的文档。

step 1 启动 Animate CC，选择【文件】|【新建】命令，打开【新建文档】对话框。在列表框中可以选择需要的文档类型，这里选择【高级】|【HTML5 Canvas】文档类型。在左侧设置【宽】和【高】的像素值，然后单击【创建】按钮，如图 1-48 所示。

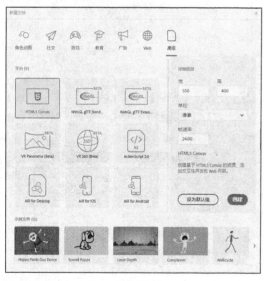

图 1-48

step 2 此时即可创建一个名为【无标题-1（Canvas）】的空白文档，舞台大小即为设定值，如图 1-49 所示。

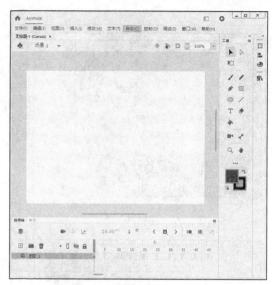

图 1-49

2. 从模板新建文档

Animate CC 中内置了多种类型的模板，可用来快速创建具有特定应用的文档。

【例 1-3】在 Animate CC 中从模板新建文档。

step 1 启动 Animate CC，选择【文件】|【从模板新建】命令，打开【从模板新建】对话框。在【类别】列表框中选择创建的模板文档类别，在【模板】列表框中选择一种模板样式，然后单击【确定】按钮，如图 1-50 所示。

图 1-50

step 2 选择【修改】|【文档】命令，打开【文档设置】对话框，单击【匹配内容】按钮，然后单击【确定】按钮，如图 1-51 所示。

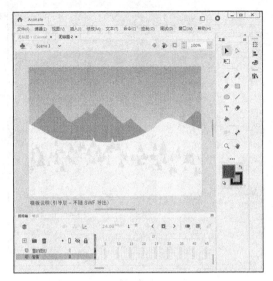

图 1-51

1.3.2　打开和关闭文档

选择【文件】|【打开】命令，打开【打开】对话框，选择要打开的文件，然后单击【打开】按钮，即可打开选中的文档，如图 1-52 所示。

图 1-52

如果同时打开了多个文档，单击文档标签，即可在多个文档之间切换，高亮标题为当前选择的文档，如图 1-53 所示。

图 1-53

如果要关闭单个文档，只需单击标签栏上的 ✖ 按

钮即可。如果要关闭整个 Animate CC 软件，只需单击界面上标题栏右侧的【关闭】按钮 ✖ 即可。

1.3.3　保存文档

要保存文档，可以选择【文件】|【保存】命令，打开【另存为】对话框。在该对话框中设置文件的保存文件名和保存类型后，单击【保存】按钮即可，如图 1-54 所示。

图 1-54

用户还可以选择【文件】|【另存为】命令，打开【另存为】对话框，使用同样的方法设置保存的文件名和类型后，单击【保存】按钮，完成保存文档的操作。这种保存方式主要用来修改已经保存过的文档名称或保存路径。

🔍 知识点滴

选择【文件】|【另存为模板】命令，打开【另存为模板】对话框，可以将文档保存为模板。

1.3.4　撤销、重做和重复命令

要在当前文档中对个别对象或全部对象执行撤销或重做操作，请使用对象层级或文档层级的【撤销】和【重做】命令（选择【编辑】|【撤销】或【编辑】|【重做】命令）。默认是文档层级的【撤销】和【重做】。

要将某个步骤重复应用于同一对象或不同对象，请使用【重复】命令。

选择【窗口】|【历史记录】命令，打开【历史记录】面板，该面板中显示了自创建或打开某个文档以来在该活动文档中执行步骤的列表，如图 1-55 所示。

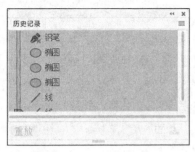

图 1-55

1.4 Animate CC 的工作环境

在制作动画之前先对 Animate CC 的工作界面、首选参数等进行相应设置，可以使软件最大限度地符合个人的操作习惯，提高工作效率。

1.4.1 自定义工作界面

Animate CC 允许用户自定义工作界面。用户可调整工作界面以适合自己的需要，并将该工作界面保存，这样下次就可以直接进入专属于自己的工作界面。

【例 1-4】设置 Animate CC 的工作界面。

step 1 启动 Animate CC，新建一个空白文档。单击标题栏中的【工作区】按钮，在打开面板的【新建工作区】文本框内输入工作区名称"新工作区"，然后单击【保存工作区】按钮，如图 1-56 所示。

图 1-56

step 2 选择【窗口】|【属性】命令，打开【属性】面板，拖动面板至文档底部位置，当边框显示为蓝边的半透明条时释放鼠标，【属性】面板将停放在文档底部位置，如图 1-57 所示。

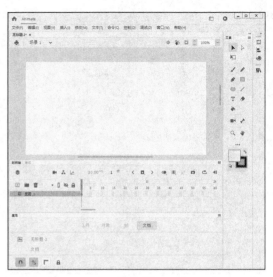

图 1-57

step 3 选择【窗口】|【颜色】命令，打开【颜色】面板，将【颜色】面板拖动到舞台左侧，当边框显示为蓝边的半透明条时释放鼠标，【颜色】面板将停放在文档左侧位置，如图 1-58 所示。

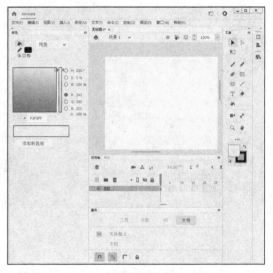

图 1-58

step 4 若要删除自定义的工作界面，可以单击标题栏的【工作区】按钮，在打开面板中单击【新工作区】后面的【删除】按钮，如图 1-59 所示。

step 5 此时弹出【删除工作区】对话框，单击【是】按钮即可删除刚才自定义的工作界面，如图 1-60 所示。

图 1-59

图 1-60

1.4.2　设置【首选参数】

选择【编辑】|【首选参数】|【编辑首选参数】命令，打开【首选参数】对话框，用户可以在不同的选项卡中设置常规的应用程序操作、编辑操作和剪贴板操作等，如图 1-61 所示。

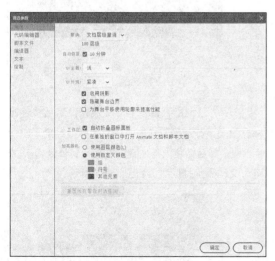

图 1-61

【常规】选项卡中的一些属性的设置如下。

➤【文档层级撤销】或【对象层级撤销】选项：

【文档层级撤销】会维护一个列表，其中包含用户对整个文档的所有动作；【对象层级撤销】为用户对文档中每个对象设定的动作单独维护一个列表，使用【对象层级撤销】可以撤销针对某个对象的动作，而无须另外撤销修改时间比目标对象更近的其他对象的动作。

➤ 撤销层级：若要设置撤销或重做的级别数，请输入一个 2～300 的值。撤销层级越高，占用的系统内存就越多，默认值为 100。

➤【UI 主题】和【UI 外观】下拉列表框：用户可以选择想要的用户界面风格，包括【深】、【浅】、【最深】、【最浅】主题，以及【紧凑】和【舒适】外观，还可以进行【启用阴影】以及【隐藏舞台边界】等视觉的设置。

➤【加亮颜色】选项组：若要使用当前图层的轮廓颜色，请从面板中选择一种颜色，或者选择【使用图层颜色】选项。

➤【自动恢复】复选框：若勾选（默认设置），此设置会以指定的时间间隔将每个打开文件的副本保存在原始文件所在的文件夹中；如果尚未保存文件，Animate CC 会将副本保存在其 Temp 文件夹中并将"RECOVER_"添加到该文件名前，使文件名与原始文件相同；如果 Animate CC 意外退出，那么在重新启动并打开自动恢复文件时，会出现一个对话框提示恢复文件；正常退出 Animate CC 时，系统会删除自动恢复文件。

1.5　课堂互动

本章的课堂互动部分是练习文档的基本操作的几个实例，用户通过练习来巩固本章所学知识，以便更好地理解 Animate CC 动画文档的基础知识。

1.5.1　文档的基本操作

【例 1-5】练习 Animate CC 文档的一些基本操作。

step 1 启动 Animate CC，选择【文件】|【打开】命令，打开【打开】对话框。选择要打开的文档【荷塘夜色】，单击【打开】按钮，如图 1-62 所示。

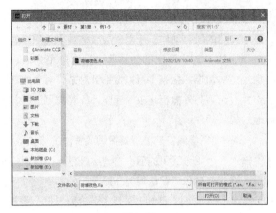

图1-62

step 2　打开文档，右击舞台中央，在弹出的快捷菜单中选择【文档】命令，如图1-63所示。

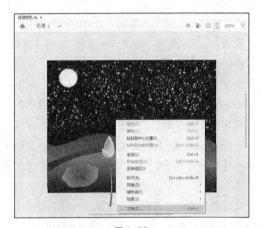

图1-63

step 3　打开【文档设置】对话框，设置【舞台颜色】为蓝色，如图1-64所示。

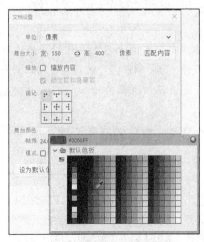

图1-64

step 4　此时文档背景颜色会由黑色变为蓝色，效果如图1-65所示。

图1-65

step 5　选择【视图】|【标尺】命令，显示标尺，如图1-66所示。

图1-66

step 6　将鼠标指针置于上方标尺处，然后按住鼠标左键向下拖动到舞台内（或将鼠标指针置于左侧标尺处，然后按住鼠标左键向右拖动到舞台内），即可为文档添加辅助线，如图1-67所示。

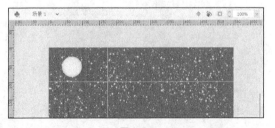

图1-67

step⑦ 选择【视图】|【辅助线】|【清除辅助线】命令，清除辅助线。

step⑧ 选择【文件】|【另存为】命令，打开【另存为】对话框，输入文件名"月色"，单击【保存】按钮即可将其另存为新文档，如图1-68所示。

图1-68

1.5.2 调整工作环境

【例1-6】调整 Animate CC 的工作环境。

step① 启动 Animate CC，选择【文件】|【新建】命令，打开【新建文档】对话框。选择【高级】|【HTML5 Canvas】文档类型，并在右侧设置【宽】和【高】的值分别为 600 像素和 400 像素，【帧速率】为 30，然后单击【创建】按钮，如图1-69所示。

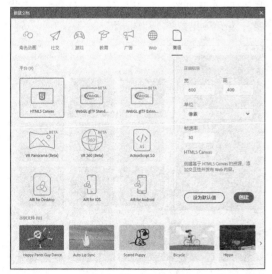

图1-69

step② 单击标题栏中的【工作区】按钮，在打

开面板的【新建工作区】文本框内输入工作区名称"我的工作"，然后单击【保存工作区】按钮，如图1-70所示。

图1-70

step③ 选择【窗口】|【变形】命令，打开【变形】面板，拖动面板至舞台顶部位置，当其边框显示为蓝边的半透明条时释放鼠标，【变形】面板将停放在文档顶部位置，如图1-71所示。

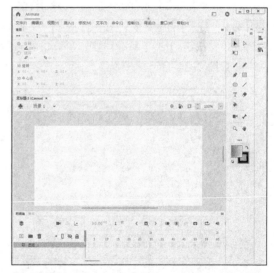

图1-71

step④ 选择【窗口】|【信息】命令，单击【信息】面板中的【折叠为图标】按钮，如图1-72所示。

step⑤ 此时【信息】面板显示为图标模式。使用相同方法将【对齐】、【样本】、【颜色】面板都折叠为图标，并拖入【信息】图标，使其组成一个图标组。然后将该图标组拖入【工具】面板右侧，如图 1-73 所示。

图 1-72

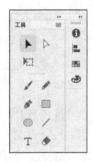

图 1-73

step 6 选择【编辑】|【首选参数】|【编辑首选参数】命令，打开【首选参数】对话框。在【UI 主题】旁单击下拉按钮，选择【最深】选项，单击【确定】按钮，如图 1-74 所示。

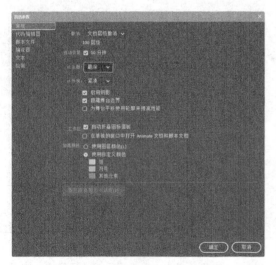

图 1-74

step 7 此时工作界面变为黑色，显示效果如图 1-75 所示。

图 1-75

1.6 拓展案例——新建及保存文档

【案例制作要点】：新建一个舞台尺寸为 800 像素×600 像素、舞台背景颜色为绿色、帧速率为 24 的动画文档。在【文档设置】对话框中设置显示标尺和红色的辅助线，并保存该动画文档名为"新背景"，最后效果如图 1-76 所示。

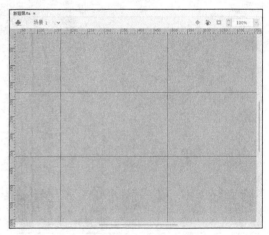

图 1-76

第 2 章
绘制和编辑图形

Animate CC 提供了很多强大、易用的绘图工具来绘制矢量图形并为其填充颜色。图形绘制完毕后，还可以对已经绘制好的图形进行移动、复制、组合及调整图形颜色等操作。本章将简单地介绍使用 Animate CC 绘制和编辑图形的相关内容。

2.1 Animate CC 中的图形概述

绘制和编辑图形是创作 Animate 动画的基础，我们在学习绘制和编辑图形的操作之前，首先要对 Animate CC 中的图形有比较清晰的认识。

2.1.1 位图和矢量图

计算机中的数字图像通常分为以下两种类型。

1. 位图

位图，也叫作"点阵图"或"栅格图像"，是由称作像素（图片元素）的多个点组成的。这些点可以进行不同的排列和染色以构成图样。当放大位图时，我们可以看见构成整个图像的无数个方块。扩大位图尺寸会增大像素，使位图的线条和形状变得参差不齐。简单地说，最小单位由像素构成的位图在放大一定程度后会失真，甚至出现马赛克。图 2-1 和图 2-2 所示为将位图局部放大后显得模糊不清晰的状态。

图 2-1

图 2-2

位图是由像素的排列来实现其显示效果的，每个像素都有自己的颜色信息。用户在对位图进行编辑操作的时候，操作的对象是像素。用户可以改变位图的色相、饱和度、明度，从而改变位图的显示效果。因为位图可以表现出非常艳丽、细腻的色彩，所以常用于对色彩丰富度或真实感要求比较高的地方。

2. 矢量图

矢量图，也称为"向量图"，是由计算机根据矢量数据计算生成的。矢量图使用包含颜色和位置属性的直线或曲线来描述图像。计算机在显示和存储矢量图的时候只是记录图形的边线位置和边线之间的颜色，而矢量图文件的大小受图形复杂程度的直接影响，它与图形的尺寸无关。矢量图的特点是其占用的存储空间较小、图形放大和缩小后的清晰度不会受到太大影响。图 2-3 和图 2-4 所示为放大矢量图局部的效果。

图 2-3

图 2-4

⊕ 知识点滴

矢量图与位图的区别在于：矢量图的轮廓、形状更易被修改和控制，且线条工整可以重复使用，但是对于单独的对象，其色彩表现不如位图真实、细腻；位图色彩变化丰富，编辑位图时可以改变任何形状区域的色彩显示效果，但其对轮廓的修改不太方便。

2.1.2 图形的色彩模式

由于不同的颜色在色彩表现上存在某些差异，

根据这些差异，色彩被分为若干种色彩模式。在 Animate CC 中提供了两种色彩模式，分别为 RGB 和 HSB 色彩模式。

1. RGB 色彩模式

RGB 色彩模式是一种常见的、使用广泛的颜色模式，它是以光的三原色理论为基础的。在 RGB 色彩模式中，任何色彩都被分解为不同强度的红、绿、蓝 3 种原色，其中 R 代表红色，G 代表绿色，B 代表蓝色。

计算机的显示器就是通过 RGB 色彩模式来显示颜色的。在显示器屏幕栅格排列的像素阵列中，每个像素都有一个地址，例如，位于从顶端数第 18 行、左端数第 65 列像素的地址可以标记为（65，18），计算机通过这样的地址给每个像素附带特定的颜色值。每个像素都由单一的红色、绿色和蓝色的点构成，通过调节单个的红色、绿色和蓝色点的亮度，并在每个像素上混合，就可以得到不同的颜色。3 种原色的亮度都可以在 0～256 的范围内调节，如果红色半开（值为 127），绿色关（值为 0），蓝色开（值为 255），那么像素将显示为微红的蓝色。

2. HSB 色彩模式

HSB 色彩模式是以人体对色彩的感觉为依据的，它描述了色彩的 3 种特性，其中 H 代表色相，S 代表纯度，B 代表明度。HSB 色彩模式比 RGB 色彩模式更为直观，因为人眼在分辨颜色时，不会将色光分解为单色，而是按其色相、纯度和明度进行判断。由此可见，HSB 色彩模式更接近人的视觉原理。

2.1.3　Animate CC 常用的图形格式

使用 Animate CC 可以导入多种格式的图像文件，这些图像文件的类型和相应的扩展名如表 2-1 所示。

表 2-1

文件类型	扩展名
Adobe Illustrator	.eps、.ai
AutoCAD DXF	.dxf
位图	.bmp
增强的 Windows 图元文件	.emf
FreeHand	.fh7、.fh8、.fh9、.fh10、.fh11
GIF 和 GIF 动画	.gif
JPEG	.jpg、.jpeg
PICT	.pct、.pic

续表

文件类型	扩展名
PNG	.png
Flash Player	.swf
MacPaint	.pntg
Photoshop	.psd
QuickTime 图像	.qtif
Silicon 图形图像	.sgi
TGA	.tga
TIFF	.tif、.tiff

2.2　绘制线条轮廓图形

Animate CC 提供了强大的线条绘制工具来绘制矢量线条，主要包括【线条工具】【铅笔工具】【钢笔工具】以及【画笔工具】等。

2.2.1　使用【线条工具】

【线条工具】主要用于绘制不同角度的矢量直线。

在【工具】面板中选择【线条工具】，将鼠标指针移动到舞台上，鼠标指针会显示为十字形状。按住鼠标左键向任意方向拖动，即可绘制出一条直线，如图 2-5 所示。

图 2-5

按住 Shift 键并按住鼠标左键向左或向右拖动，可以绘制出水平线条，如图 2-6 所示。

图 2-6

按住 Shift 键并按住鼠标左键向上或向下拖动，

可以绘制出垂直线条，如图 2-7 所示。

图 2-7

按住 Shift 键并按住鼠标左键斜向拖动，可绘制出以 45° 为增量的直线，如图 2-8 所示。

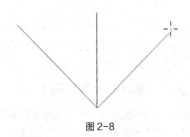

图 2-8

选择【线条工具】 ∕，选择【窗口】|【属性】命令，打开【线条工具】的【属性】面板，在该面板中可以设置线条的填充颜色以及线条的笔触样式、大小等参数值，如图 2-9 所示。

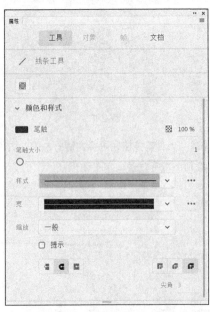

图 2-9

该面板主要属性的具体作用如下。

▶【颜色和样式】属性组：设置线条的笔触和线条内部的填充颜色。

▶【笔触大小】选项：设置线条的笔触大小，拖动滑块或在后面的文本框内输入参数值可以调节笔触大小。

▶【样式】下拉列表框：设置线条的样式，例如虚线、点状线、锯齿线等。可以单击右侧的【样式选项】按钮 ⋯，选择【编辑笔触样式】选项，打开【笔触样式】对话框，如图 2-10 所示。在该对话框中可以自定义笔触样式。选择【画笔库】选项，可以打开【画笔库】面板，选择画笔形状，如图 2-11 所示。

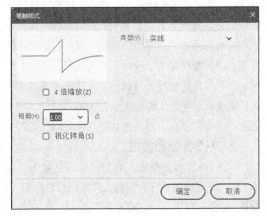

图 2-10

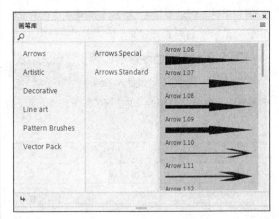

图 2-11

▶【缩放】下拉列表框：按方向缩放笔触，其中包括【一般】、【水平】、【垂直】、【无】4 个选项。

▶【宽】下拉列表框：设置线条的宽度，其中提供了多种宽度配置文件，以便用户绘制更多样式的线条。

▶【端点】选项组：设置线条的端点样式，可以选择【平头】、【圆头】或【矩形】等端点样式。

▶【连接】选项组：设置两条线段相接处的连接样式，可以选择【尖角】、【圆角】或【斜角】样式。

2.2.2　使用【铅笔工具】

可以使用【铅笔工具】绘制任意线条。在【工具】面板选择【铅笔工具】✏️后，在所需位置按住鼠标左键拖动即可。在使用【铅笔工具】绘制线条时，按住 Shift 键可以绘制出水平或垂直方向的线条，如图 2-12 所示。

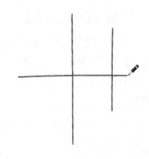

图 2-12

选择【铅笔工具】后，在【工具】面板中会显示【铅笔模式】按钮 ⤵️。单击该按钮，会打开【铅笔模式】选择菜单。在该菜单中，可以选择【铅笔工具】的绘图模式，如图 2-13 所示。

图 2-13

【铅笔模式】选择菜单中 3 个选项的具体作用如下。

▶【伸直】选项：使绘制的线条尽可能地规整为几何图形，如图 2-14 所示。

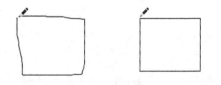

图 2-14

▶【平滑】选项：使绘制的线条尽可能地消除棱角，使其更加光滑，如图 2-15 所示。

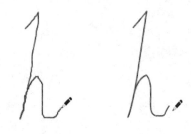

图 2-15

▶【墨水】选项：使绘制的线条更接近手写的感觉，其在舞台上可以任意勾画，如图 2-16 所示。

图 2-16

🔍 **知识点滴**

【伸直】模式常用于绘制规则线条组成的图形，如三角形、矩形等常见的几何图形。

2.2.3　使用【传统画笔工具】

【传统画笔工具】🖌️可用于绘制形态各异的矢量色块或创建特殊的绘制效果。

选择【传统画笔工具】🖌️，打开其【属性】面板，可以在其中设置【传统画笔工具】的绘制大小、画笔属性及颜色等，如图 2-17 所示。

选择【传统画笔工具】后，在【工具】面板中会出现【对象绘制】、【画笔模式】、【使用压力】、【使用斜度】等按钮。这些按钮的作用分别如下。

▶【对象绘制】按钮 ⬛：单击该按钮将切换到对象绘制模式，在该模式下绘制的色块是独立对象，即使和以前绘制的色块重叠，也不会合并起来。

▶【画笔模式】按钮 🔄：单击该按钮会弹出下拉列表，其中有 5 种画笔的模式可供用户选择，如图 2-18 所示。

图2-17

图2-18

▷【使用压力】按钮：单击该按钮将启用压力敏感度，默认值为1%和100%，分别对应最小压力和最大压力。

▷【使用斜度】按钮：单击该按钮将启用斜度敏感度，默认值为1%和100%，分别对应最小斜度值和最大斜度值。

5种画笔模式具体作用如下。

▷【标准绘画】模式：绘制的图形会覆盖下面的图形。

▷【颜料填充】模式：可以对图形的填充区域或者空白区域进行涂色，且不会影响线条。

▷【后面绘画】模式：可以在图形的后面进行涂色，且不影响原有线条和填充。

▷【颜料选择】模式：可以对已选择的区域进行涂绘，而未被选择的区域不受影响。在该模式下，不论选择区域中是否包含线条，都不会对线条

产生影响。

▷【内部绘画】模式：涂绘区域取决于绘制图形时落笔的位置，如果落笔在图形内，则只对图形的内部进行涂绘；如果落笔在图形外，则只对图形的外部进行涂绘；如果在图形内部的空白区域开始涂色，则只对空白区域进行涂色，而不会影响任何现有的填充区域。该模式不会对线条进行涂色。

🔍 **知识点滴**

【工具】面板还提供了【画笔工具】和【流畅画笔工具】。

2.2.4 使用【钢笔工具】

【钢笔工具】✐可用于绘制比较复杂、精确的曲线路径。使用【钢笔工具】可以创建和编辑路径，以便绘制出需要的图形。

🔍 **知识点滴**

"路径"由一个或多个直线段和曲线段组成，线段的起始点和结束点由锚点标记。

选择【钢笔工具】，当鼠标指针变为▷₂形状时，在舞台中单击确定起始锚点，再选择合适的位置单击确定第2个锚点，这时系统会在起点和第2个锚点之间自动连接一条直线。如果在创建第2个锚点时按住鼠标左键并拖动，会改变连接两个锚点的直线的曲率，使直线变为曲线，如图2-19所示。

图2-19

在【钢笔工具】的【工具】面板中还有一些其他工具：【添加锚点工具】【删除锚点工具】【转换

锚点工具】。

▶【添加锚点工具】✦♪：可以选择要添加锚点的图形，然后单击该工具按钮，在图形上单击即可添加一个锚点。

▶【删除锚点工具】🖊：可以选择要删除锚点的图形，然后单击该工具按钮，在锚点上单击即可删除一个锚点。

▶【转换锚点工具】⌐：可以选择要转换锚点的图形，然后单击该工具按钮，在锚点上单击即可实现曲线锚点和直线锚点间的转换。

在使用【钢笔工具】绘制图形的过程中，鼠标指针主要会显示以下几个绘制状态。

▶ 初始锚点指针📍：这是选择【钢笔工具】后，在设计区内看到的第一个鼠标指针，是创建新路径的初始锚点。

▶ 连续锚点指针📍：这是指示下一次单击将创建一个锚点，和前面的锚点以直线相连接。

▶ 添加锚点指针📍：用来指示下一次单击时在现有路径上添加一个锚点。

▶ 删除锚点指针📍：用来指示下一次在现有路径上单击时将删除一个锚点。

▶ 连续路径锚点📍：从现有锚点绘制新路径，只有在当前没有绘制路径时，鼠标指针位于现有路径的锚点的上面，才会显示该状态。

▶ 闭合路径指针📍：在当前绘制的路径起始点处闭合路径，只能闭合当前正在绘制的路径的起始锚点。

▶ 回缩贝塞尔手柄指针📍：当鼠标指针放在贝塞尔手柄的锚点上时显示为该状态；单击时则会回缩至贝塞尔手柄，并将穿过锚点的弯曲路径变为直线。

▶ 转换锚点指针📍：该状态将不带方向线的角点转换为带有独立方向线的角点。

【例 2-1】绘制花瓣和叶子的轮廓。

step 1 启动 Animate CC，选择【文件】|【新建】命令，打开【新建文档】对话框。选择【角色动画】|【标准】选项，单击【确定】按钮，创建一个空白文档，如图 2-20 所示。

step 2 绘制小花的花瓣。选择【工具】面板中的【矩形工具】▨，在其【属性】面板中设置笔触颜色为红色，填充颜色为无，如图 2-21 所示。

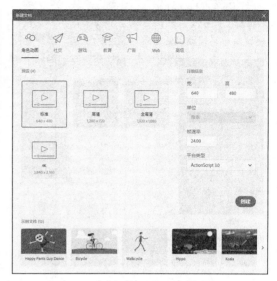

图 2-20

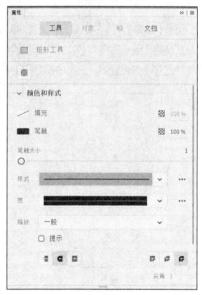

图 2-21

step 3 在舞台上绘制一个矩形，如图 2-22 所示。

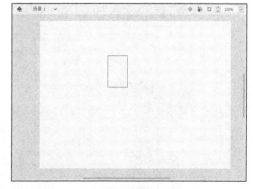

图 2-22

step ④ 选择【工具】面板上的【选择工具】▶，将鼠标指针移动到矩形两边直线的位置，当鼠标指针下方出现半弧线状态时，拖动两边直线向斜上方移动，最后的效果如图 2-23 所示。

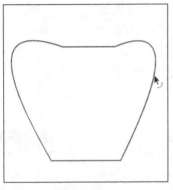

图 2-23

step ⑤ 使用【选择工具】将矩形上方直线向上调整成弧线，然后使用【线条工具】✎在图形里加两条直线，再用【选择工具】调整直线，效果如图 2-24 所示。

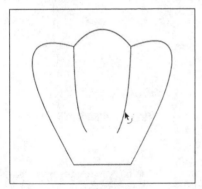

图 2-24

step ⑥ 绘制叶子。选择【线条工具】绘制一条绿色直线，然后用【选择工具】将其调整成弧线，效果如图 2-25 所示。

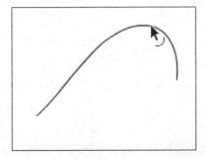

图 2-25

step ⑦ 选择【添加锚点工具】，在线条下增加一个锚点，如图 2-26 所示。

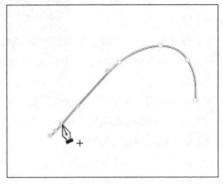

图 2-26

step ⑧ 选择【工具】面板中的【部分选取工具】▷，对曲线进行调整，如图 2-27 所示。

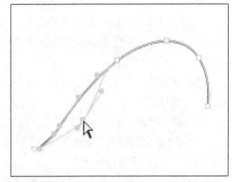

图 2-27

step ⑨ 使用【线条工具】绘制叶脉，然后对其进行调整以将叶脉和叶上边连接起来，如图 2-28 所示。

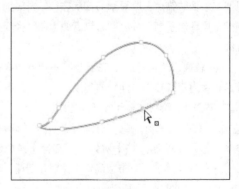

图 2-28

step ⑩ 使用上面的方法绘制下面的叶边，如图 2-29所示。

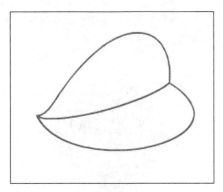

图 2-29

step⑪ 以"绘制花叶"为名保存该文档。

2.3 填充图形

绘制图形之后，即可进行颜色的填充操作。Animate CC 中的填充工具主要包括【颜料桶工具】、【墨水瓶工具】、【滴管工具】、【橡皮擦工具】。

2.3.1 使用【颜料桶工具】

在 Animate CC 中，使用【颜料桶工具】对封闭的轮廓范围或图形块区域进行颜色填充时，用户可以选择使用纯色、渐变色或者位图进行填充。

选择【工具】面板中的【颜料桶工具】，打开【属性】面板，在该面板中可以设置【颜料桶】的填充和笔触等属性，如图 2-30 所示。

图 2-30

选择【颜料桶工具】，单击【工具】面板中的【间隔大小】按钮，在弹出的下拉列表中可以选

择【不封闭空隙】、【封闭小空隙】、【封闭中等空隙】和【封闭大空隙】4 个选项，如图 2-31 所示。

图 2-31

这 4 个选项的作用分别如下。

▶【不封闭空隙】选项：只能填充完全闭合的区域。

▶【封闭小空隙】选项：可以填充存在较小空隙的区域。

▶【封闭中等空隙】选项：可以填充存在中等空隙的区域。

▶【封闭大空隙】选项：可以填充存在较大空隙的区域。

2.3.2 使用【墨水瓶工具】

【墨水瓶工具】可用于更改矢量线条或图形轮廓的笔触颜色、更改封闭区域的填充颜色等。

打开其【属性】面板，可以设置笔触的颜色、大小、样式等属性，如图 2-32 所示。

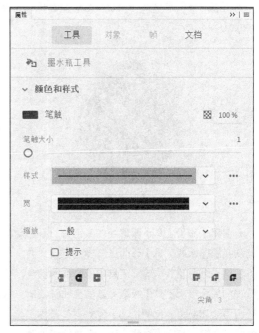

图 2-32

选择【墨水瓶工具】，将鼠标指针移至没有笔触的图形上单击，可以给图形添加笔触；将鼠标指针移至已经设置好笔触颜色的图形上单击，图形的笔触颜色会改为【墨水瓶工具】使用的笔触颜色，如图 2-33 所示。

图 2-33

2.3.3 使用【滴管工具】

使用【滴管工具】可以吸取现有图形的线条或填充上的颜色及风格等信息，并可以将该信息应用到其他图形上。

选择【工具】面板中的【滴管工具】，将其移至舞台中，鼠标指针会显示为滴管形状；当鼠标指针移至线条上时，会显示为形状，这时单击即可吸取该线条的颜色作为填充样式；当【滴管工具】移至填充区域内时，会显示为形状，这时单击即可吸取该区域颜色作为填充样式，如图 2-34 所示。

图 2-34

使用【滴管工具】吸取线条颜色时，系统会自动切换【墨水瓶工具】作为当前操作工具，并且工具的填充颜色正是【滴管工具】所吸取的颜色。

使用【滴管工具】吸取区域颜色和样式时，系统会自动切换【颜色桶工具】作为当前操作工具，并打开【锁定填充】功能，而且工具的填充颜色和

样式正是【滴管工具】所吸取的填充颜色和样式，如图 2-35 所示。

图 2-35

2.3.4 使用【橡皮擦工具】

【橡皮擦工具】是一种擦除工具，可以快速擦除舞台中的任何矢量对象，包括笔触和填充区域。

选择【工具】面板中的【橡皮擦工具】，此时在【工具】面板中会显示【橡皮擦模式】按钮，如图 2-36 所示。

图 2-36

【橡皮擦工具】有以下几种模式。

▷【标准擦除】模式：可以擦除同一图层中擦除操作经过区域的笔触及填充。

▷【擦除填色】模式：只擦除对象的填充，而对笔触没有任何影响。

▷【擦除线条】模式：只擦除对象的笔触，而不会影响到其填充部分。

▷【擦除所选填充】模式：只擦除当前对象中选中的填充部分，对未选中的填充及笔触没有影响。

▷【内部擦除】模式：只擦除【橡皮擦工具】开始处的填充，如果从空白点处开始擦除，则不会擦除任何内容。选择该种擦除模式同样不会对笔触产生影响。

打开其【属性】面板，在【橡皮擦选项】区域

单击【橡皮擦形状】按钮●，将弹出下拉菜单，提供了 9 种【橡皮擦工具】的形状。单击【水龙头】按钮 可以快速删除笔触或填充区域，如图 2-37 所示。

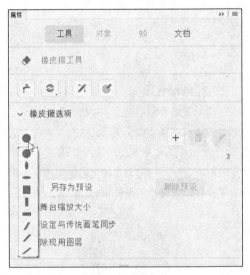

图 2-37

2.3.5　使用【颜色】面板

如果用户需要自定义颜色或者对已经填充的颜色进行调整，就会用到【颜色】面板。选择【窗口】|【颜色】命令，可以打开【颜色】面板，如图 2-38 所示。

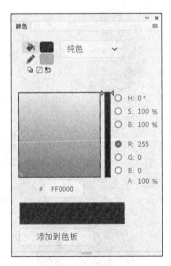

图 2-38

打开右侧的【颜色类型】下拉列表，从中可以选择【无】、【纯色】、【线性渐变】、【径向渐变】和

【位图填充】5 种填充方式，如图 2-39 所示。

图 2-39

【颜色】面板的中部有选色窗口，用户可以在窗口右侧拖动滑块来调节色域，然后在窗口中选择需要的颜色；在面板右侧分别提供了 HSB 颜色组合选项和 RGB 颜色组合选项，用户可以直接输入参数值以合成颜色。面板下方的【A：】选项其实是原来的 Alpha 透明度设置选项，100% 为不透明，0% 为全透明，用户可以在该选项中设置颜色的透明度。

单击【笔触颜色】和【填充颜色】右侧的颜色控件，都会弹出【调色板】面板，用户可以方便快捷地从中选取颜色，如图 2-40 所示。

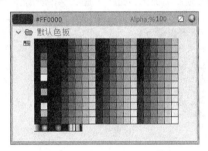

图 2-40

在【调色板】面板中单击右上角的【颜色选择器】按钮●，打开【颜色选择器】对话框，在该对话框中可以进行更加精确的颜色选择，如图 2-41 所示。

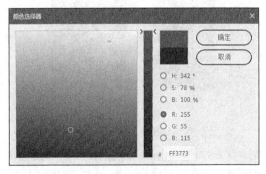

图 2-41

2.3.6 使用【渐变变形工具】

可以选择【工具】面板中的【渐变变形工具】调整填充的大小、方向或者中心位置，并对渐变填充或位图填充进行变形操作。

1. 线性渐变填充

选择【工具】面板中的【渐变变形工具】，单击线性渐变填充图形，将鼠标指针移动到图形上，当鼠标指针变为▶▣形状时，单击即可显示线性渐变填充的调节手柄，如图 2-42 所示。

图 2-42

调整线性渐变填充的具体操作方法如下。

➤ 将鼠标指针指向中间的圆形控制手柄○时，鼠标指针变为✛形状，此时拖动该控制手柄可以调整线性渐变填充的位置，如图 2-43 所示。

图 2-43

➤ 将鼠标指针指向右边的方形控制手柄➡时，鼠标指针变为↔形状，拖动该控制手柄可以调整线性渐变填充的缩放，如图 2-44 所示。

图 2-44

➤ 将鼠标指针指向右上角的环形控制手柄↻时，鼠标指针变为↻形状，拖动该控制手柄可以调整线性渐变填充的方向，如图 2-45 所示。

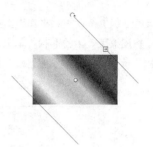

图 2-45

2. 径向渐变填充

径向渐变填充即以前版本中的放射状填充，该填充的方法与调整线性渐变填充的方法类似。选择【工具】面板中的【渐变变形工具】，单击径向渐变填充图形即可显示径向渐变填充的调节手柄，借助调节手柄可以调整径向渐变填充，如图 2-46 所示。

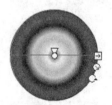

图 2-46

➤ 将鼠标指针指向中心的控制手柄▽时，会变为✛形状，此时拖动该控制手柄即可调整径向渐变填充的位置，如图 2-47 所示。

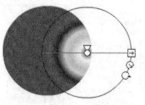

图 2-47

➤ 将鼠标指针指向圆周上的方形控制手柄➡时，鼠标指针变为↔形状，拖动该控制手柄可以调整径向渐变填充的宽度，如图 2-48 所示。

图 2-48

➤ 将鼠标指针指向圆周上中间的环形控制手柄☉时，鼠标指针变为☉形状，拖动该控制手柄可以调整径向渐变填充的半径，如图 2-49 所示。

图 2-49

➤ 将鼠标指针指向圆周上最下面的环形控制手柄☉时，鼠标指针变为☉形状，拖动该控制手柄可以调整径向渐变填充的方向，如图 2-50 所示。

图 2-50

【例 2-2】使用填充工具给【例 2-1】文档中的图形添加颜色，并增加背景。

step① 启动 Animate CC，打开【例 2-1】的【绘制花叶】文档。打开【颜色】面板，单击【填充颜色】按钮，然后选择【径向渐变】选项，如图 2-51 所示。

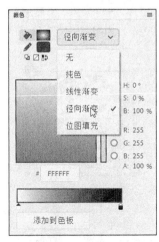

图 2-51

step② 设置面板底下的颜色滑块的参数值，单击

右侧滑块，在上面的文本框内输入 "FF20CE"，如图 2-52 所示。

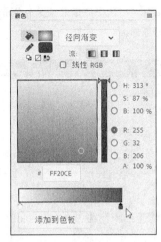

图 2-52

step③ 选择【工具】面板中的【颜料桶工具】，在花瓣内部单击以填充颜色，如图 2-53 所示。

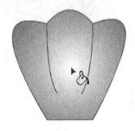

图 2-53

step④ 选择【工具】面板中的【渐变变形工具】，单击花瓣，拖动鼠标指针将渐变中心朝下移动，如图 2-54 所示。

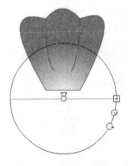

图 2-54

step⑤ 选择【工具】面板中的【选择工具】，框选整个花瓣。右击花瓣，在弹出的快捷菜单中选择【转

换为元件】命令，打开【转换为元件】对话框。设置【名称】为花瓣，【类型】为图形，然后单击【确定】按钮，将这个花瓣转换为【图形】元件，如图 2-55 所示。

图 2-55

step ⑥ 选择【工具】面板中的【任意变形工具】，将花瓣元件中心点向下移动，如图 2-56 所示。

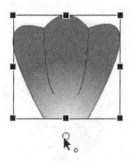

图 2-56

step ⑦ 选择【窗口】|【变形】命令，打开【变形】面板，设置旋转角度为 72°，如图 2-57 所示。

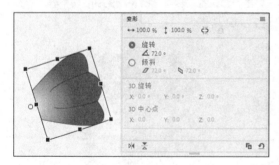

图 2-57

step ⑧ 单击【变形】面板底部的【重制选区和变形】按钮 4 次，创建一个五瓣花，如图 2-58 所示。

step ⑨ 在【时间轴】面板中单击【新建图层】按钮，新建一个图层，如图 2-59 所示。

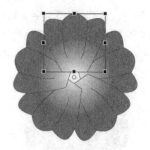

图 2-58

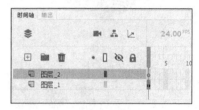

图 2-59

step ⑩ 在新图层上使用【传统画笔工具】在花心处绘制一个黄色区域，如图 2-60 所示。

图 2-60

step ⑪ 选择花的相关对象，选择【修改】|【组合】命令，将其组合为一个对象，然后用【任意变形工具】调整其大小，如图 2-61 所示。

图 2-61

step ⑫ 选择叶子所在图层，打开【颜色】面板，设置【填充颜色】为【线性渐变】，然后设置面板下方的颜色滑块的参数植，单击左侧滑块，在上面的文本框内输入"63F773"，单击右侧滑块，在上面的文本框内输入"216B21"，如图 2-62 所示。

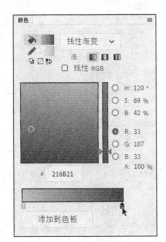

图 2-62

step ⑬　选择【颜料桶工具】，分别单击叶边内部以填充颜色，如图 2-63 所示。

图 2-63

step ⑭　选择【铅笔工具】绘制一条枝干（选择【对象绘制】|【平滑】模式），然后将叶片组合为一个对象。选择【修改】|【排列】|【移至顶层】命令，将叶片覆盖在枝干上，如图 2-64 所示。

图 2-64

step ⑮　在【时间轴】面板中单击【新建图层】按钮⊞，新建一个图层，如图 2-65 所示。

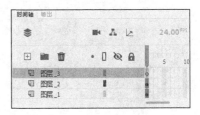

图 2-65

step ⑯　选择【文件】|【导入】|【导入到舞台】命令，打开【导入】对话框。选择一个背景图片，单击【打开】按钮，如图 2-66 所示。

图 2-66

step ⑰　在【时间轴】面板中，将【图层_3】拖动到最下面，使背景显示在花叶之下。然后选择【修改】|【文档】命令，打开【文档设置】对话框，单击【匹配内容】按钮，然后单击【确定】按钮，如图 2-67 所示。

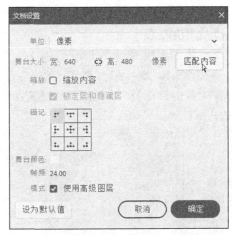

图 2-67

step⑱ 使舞台和内容大小相匹配，并以"填充颜色"为名另存文档，最后效果如图 2-68 所示。

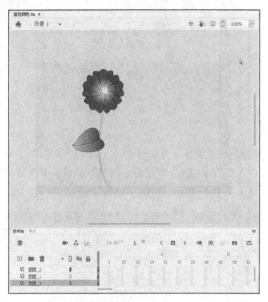

图 2-68

2.4 绘制标准几何图形

Animate CC 提供了强大的标准绘图工具，用户可以使用这些工具绘制一些标准的几何图形，主要包括【矩形工具】和【基本矩形工具】、【椭圆工具】和【基本椭圆工具】，以及【多角星形工具】等。

2.4.1 使用【矩形工具】

【工具】面板中的【矩形工具】 和【基本矩形工具】 不仅可以用于绘制矩形图形，还可以设置矩形的形状、大小、颜色、边角半径等。

1.【矩形工具】

选择【工具】面板中的【矩形工具】 ，在舞台中按住鼠标左键并拖动，即可开始绘制矩形。如果同时按住 Shift 键，就可以绘制正方形图形，如图 2-69 所示。

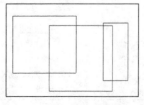

图 2-69

打开其【属性】面板，如图 2-70 所示，主要属性的具体作用如下。

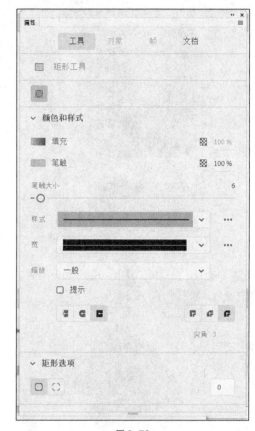

图 2-70

▶【填充】：设置矩形的内部填充颜色。

▶【笔触】：设置矩形的笔触颜色，也就是矩形的外框颜色。

▶【样式】下拉列表框：设置矩形的笔触样式。

▶【缩放】下拉列表框：设置矩形的缩放模式，其中包括【一般】、【水平】、【垂直】、【无】4个选项。

▶【矩形选项】属性组：其文本框内的参数值可以用来设置矩形的4个直角半径，正值为外半径，负值为内半径。

2.【基本矩形工具】

使用【基本矩形工具】 ，可以绘制出更加易于控制和修改的矩形。在【工具】面板中选择【基本矩形工具】后，在其【属性】面板中设置属性，如图 2-71 所示。

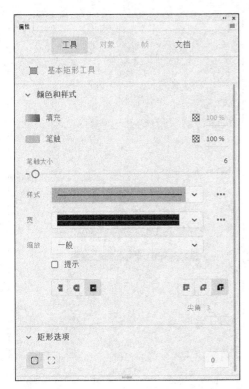

图 2-71

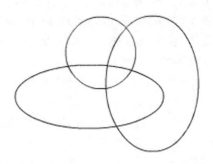

图 2-73

在舞台中按住鼠标左键并拖动，即可绘制出基本矩形。绘制完成后，选择【工具】面板中的【部分选取工具】，可以随意调节矩形的角半径，如图 2-72 所示。

选择【椭圆工具】后，打开其【属性】面板，如图 2-74 所示。

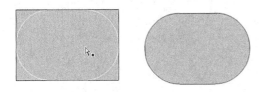

图 2-72

2.4.2 使用【椭圆工具】

【工具】面板中的【椭圆工具】和【基本椭圆工具】用于绘制椭圆图形，它和矩形工具类似，差别主要在【椭圆工具】的属性中有关角度和内径的设置。

1.【椭圆工具】

选择【工具】面板中的【椭圆工具】，按住鼠标左键在舞台中并拖动，即可绘制出椭圆。如果同时按住 Shift 键，就可以绘制正圆，如图 2-73 所示。

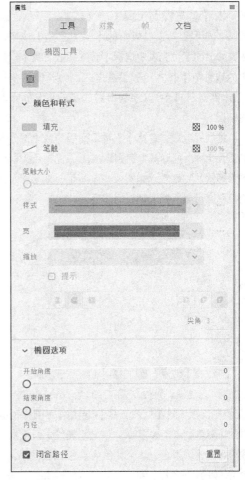

图 2-74

该【属性】面板中主要属性的作用与【矩形工具】的属性基本相同，各属性的作用如下。

▷【开始角度】滑块：设置椭圆绘制的起始角

度。正常情况下，绘制椭圆是从 0°开始绘制的。

▶【结束角度】滑块：设置椭圆绘制的结束角度。正常情况下，绘制椭圆的结束角度为 0°，默认绘制的是一个封闭的椭圆。

▶【内径】滑块：设置内侧椭圆的大小，内径大小范围为 0~99。

▶【闭合路径】复选框：设置椭圆的路径是否闭合。默认情况下勾选该复选框，如果要取消勾选该复选框以绘制一个未闭合的形状，那么只能绘制出该形状的笔触。

▶【重置】按钮：恢复【属性】面板中所有选项设置，并将舞台上绘制的基本椭圆恢复为原始大小和形状。

2.【基本椭圆工具】

单击【工具】面板中的【椭圆工具】按钮，在其弹出的下拉列表中选择【基本椭圆工具】。它的属性与【基本矩形工具】的属性类似，使用【基本椭圆工具】可以绘制出更加易于控制和修改的椭圆。

绘制完成后，选择【工具】面板中的【部分选取工具】，拖动基本椭圆圆周上的控制点，可以调整椭圆的完整性，如图 2-75 所示；拖动圆心处的控制点可以将椭圆调整为圆环。

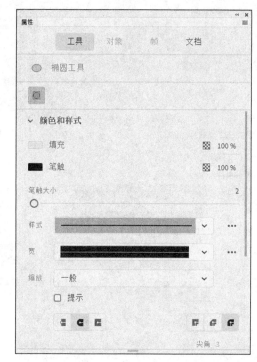

图 2-76

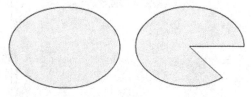

图 2-75

图 2-77

【例 2-3】 使用【椭圆工具】绘制卡通笑脸。

step① 启动 Animate CC 并新建一个文档。选择【工具】面板中的【椭圆工具】，启用【工具】面板中的【对象绘制】按钮，在其【属性】面板中设置笔触颜色为黑色、填充颜色为黄色、【笔触大小】为 2，如图 2-76 所示。

step② 按住 Shift 键并拖动鼠标指针，在舞台上绘制一个正圆对象，如图 2-77 所示。

step③ 选择【椭圆工具】，在其【属性】面板中设置填充颜色为白色、笔触颜色为无，在正圆的顶部绘制一个椭圆，如图 2-78 所示。

step④ 选择该椭圆，然后在【颜色】面板中设置填充颜色为径向渐变，并设置渐变颜色，如图 2-79 所示。

step⑤ 将该椭圆放置在正圆上，调整其位置后，效果如图 2-80 所示。

图 2-78

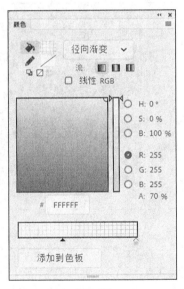

图 2-79

图 2-80

step⑥　选择【椭圆工具】，在【属性】面板中设置填充颜色为黑色、笔触颜色为无。在正圆的内部绘制一个椭圆作为眼睛，效果如图 2-81 所示。

图 2-81

step⑦　使用【选择工具】选择眼睛，并依次按 Ctrl+C 组合键和 Ctrl+V 组合键复制粘贴另一只眼睛，调整其位置如图 2-82 所示。

图 2-82

step⑧　绘制两个椭圆对象，将其上半部分重叠，并使用【选择工具】选择这两个椭圆，按 Ctrl+B 组合键进行分离。选择上面的椭圆并删除，可以得到嘴巴的形状。再选择【修改】|【合并对象】|【联合】命令，使其转换为形状对象，并将其移动到脸上，调整其位置后效果如图 2-83 所示。

图 2-83

2.4.3 使用【多角星形工具】

使用【多角星形工具】⬡可以绘制多边形和多角星形。选择【多角星形】工具后，按住鼠标左键进行拖动，系统默认是绘制五边形，通过设置也可以绘制其他多角星形，如图 2-84 所示。

图 2-84

选择【多角星形工具】后，打开其【属性】面板，如图 2-85 所示。在其【工具选项】区域中主要属性的具体作用如下。

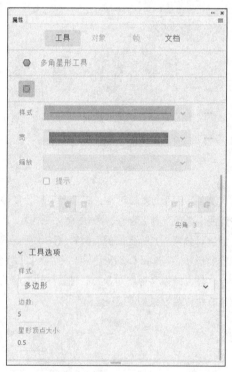

图 2-85

▶【样式】下拉列表框：设置绘制的多角星形样式，可以选择【多边形】和【星形】选项。

▶【边数】文本框：设置绘制的图形边数，范围为 3～32。

▶【星形顶点大小】文本框：设置绘制图形的顶点大小。

2.5 使用查看工具和选择工具

Animate CC 中的查看工具分为【手形工具】和【缩放工具】，选择工具分为【选择工具】、【部分选取工具】和【套索工具】等。

2.5.1 使用【手形工具】

当视图被放大或者舞台面积较大，以致整个场景无法在视图窗口中完整显示，此时用户要查看场景中的某个局部，就可以使用【手形工具】。

选择【工具】面板中的【手形工具】✋，将鼠标指针移动到舞台中，当鼠标指针变为✋形状时，按住鼠标左键并拖动可以调整舞台在视图窗口中的位置，图 2-86 所示为用【手形工具】移动舞台。

图 2-86

此外，【工具】面板中还包含【旋转工具】🔄和【时间划动工具】🖐。使用【旋转工具】可以旋转舞台，使用【时间划动工具】🖐可以移动帧并改变帧序列。

2.5.2 使用【缩放工具】

【缩放工具】🔍是基本的视图查看工具，用于缩放视图的局部和全部。选择【工具】面板中的【缩放工具】，在【工具】面板中会出现【放大】按钮🔍和【缩小】按钮🔍。

单击【放大】按钮后，鼠标指针在舞台中显示为🔍形状，单击图片可以以当前视图 2 倍的比例进行放大，最大可以放大到 20 倍，如图 2-87 所示。

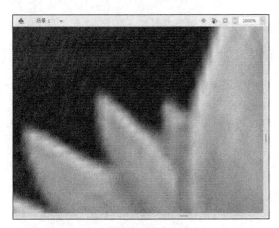

图 2-87

单击【缩小】按钮，鼠标指针在舞台中显示为 $\mathcal{Q}$ 形状，在舞台中单击可以按当前视图的 1/2 比例进行缩小，最小可以缩小到原图的 4%。当视图无法再进行放大和缩小时，鼠标指针呈 $\mathcal{Q}$ 形状，如图 2-88 所示。

图 2-88

知识点滴

在选择【缩放工具】后，在舞台中以拖动矩形框的方式来放大或缩小指定区域，放大的比例可以通过舞台右上角【视图比例】的下拉列表框查看。

2.5.3　使用【选择工具】

有以下几种方法使用【选择工具】选择对象。

▶ 单击要选中的对象即可选中。

▶ 按住鼠标左键拖动选取，可以选中区域中的所有对象。

▶ 有时单击某线条时，只能选中其中的一部分，也可以双击选中线条。

▶ 按住 Shift 键，单击所需选中的对象。该方法可以选中多个对象。

【选择工具】可以调整对象曲线和顶点。选择【选择工具】后，将鼠标指针移至对象的曲线位置时，鼠标指针会显示一个半弧形状 $\searrow$，可以拖动其调整曲线。如果要调整顶点，就将鼠标指针移至对象的顶点位置，鼠标指针会显示为一个直角形状 $\searrow$，可以拖动其调整顶点，如图 2-89 所示。

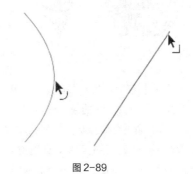

图 2-89

使用【选择工具】将鼠标指针移至对象轮廓的任意转角上时，鼠标指针会显示一个直角形状 $\searrow$，可以用其延长或缩短组成转角的线端并保持伸直，如图 2-90 所示。

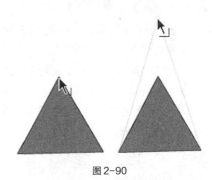

图 2-90

2.5.4　使用【部分选取工具】

【部分选取工具】 $\searrow$ 主要用于选择线条、移动线条和编辑节点以及节点方向等。它的使用方法和作用与【选择工具】类似，区别在于使用【部分选取工具】选中一个对象后，对象的轮廓线上将出现多个控制点（锚点），表示该对象已经被选中。

用户在使用【部分选取工具】选中对象之后，可利用其中的控制点进行拉伸或修改曲线操作，具体操作如下。

▶ 移动控制点：选择的对象周围将显示出由

一些控制点围成的边框，用户可以选择其中的一个控制点，此时鼠标指针右下角会出现一个空白方块 ，拖动该控制点，可以改变图形轮廓，如图 2-91 所示。

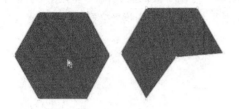

图 2-91

➤ 改变控制点曲度：可以选择其中一个控制点来设置图形在该点的曲度。选择某个控制点之后，按住 Alt 键并移动鼠标指针，该点附近将出现两个调节对象曲度的控制手柄，此时空心的控制点将变为实心。可以拖动这两个控制手柄改变对象长度或者控制点位置，以实现对该控制点的曲度控制。

➤ 移动对象：使用【部分选取工具】靠近对象，当鼠标指针显示为黑色实心方块 的时候，按住鼠标左键即可将对象拖动到所需位置。

2.5.5 使用【套索工具】

【套索工具】 主要用于自由选择图形中的不规则区域和相连的相同颜色区域。

选择【套索工具】，按住鼠标左键在图形对象上拖动，并在开始位置附近结束拖动，以形成一个封闭的选择区域。或在任意位置释放鼠标，系统会自动用直线来闭合选择区域，如图 2-92 所示。

图 2-92

此外【工具】面板中还有【多边形工具】 和【魔术棒工具】 。【多边形工具】可以选择图形对象中的多边形区域，在图形对象上单击设置起始点，并依次在其他位置上单击，最后在结束处双击即可，如图 2-93 所示。

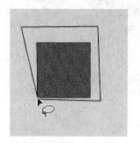

图 2-93

【魔术棒工具】可以选中图形对象中颜色相似的区域（必须是位图分离后的图形），如图 2-94 所示。

图 2-94

【例 2-4】使用【魔术棒工具】去除导入图片的白底色。

step 1 启动 Animate CC，打开一个素材文档，如图 2-95 所示。

图 2-95

step 2 新建一个图层，然后选择【文件】|【导入】|

【导入到舞台】命令，打开【导入】对话框。选择一张兔子图片，单击【打开】按钮，如图 2-96 所示。

图 2-96

step 3 该图片导入舞台后，显示有白色的底色，如图 2-97 所示。

图 2-97

step 4 选择兔子图像，并按 Ctrl+B 组合键分离图像。没有进行分离的位图不能去除底色，如图 2-98 所示。

图 2-98

step 5 选择【魔术棒工具】，打开其【属性】面板，将【阈值】设置为 35，并选择【平滑】选项，如图 2-99 所示。

图 2-99

step 6 在兔子图像中单击白色部分，按 Delete 键将其删除，如图 2-100 所示。

图 2-100

2.6 图形的基础编辑

图形对象的基础编辑主要包括一些改变图形的基本操作，例如复制和粘贴操作，使用【工具】面板中相应的工具进行排列、组合和分离图形对象等编辑操作。

2.6.1 移动图形

在 Animate CC 中，【选择工具】除了可以用来选择图形对象，还可以拖动对象进行移动操作。

选择图形对象后，用户可以进行一些常规的基本操作，如移动对象操作。用户还可以使用键盘上的方向键对对象进行细微移动操作，使用【信息】面板或对象的【属性】面板也能使对象进行精确的移动。

▶ 使用【选择工具】：选择要移动的对象，按住鼠标左键将其拖动到目标位置。在移动过程中，被移动的对象以框线形式显示。如果在移动过程中靠近其他对象时，被移动对象会自动显示与其他对象对齐的线条，如图 2-101 所示。

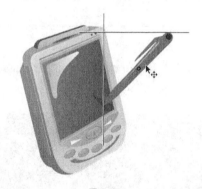

图 2-101

▶ 使用键盘上的方向键：选择图形对象后，按键盘上的↑、↓、←、→键即可移动对象。每按一次方向键可以使对象在该方向上移动 1 个像素；如果在按住 Shift 键的同时按方向键，每按一次可以使对象在该方向上移动 10 个像素。

▶ 使用【信息】面板或【属性】面板：选择图形对象以后，选择【窗口】|【信息】命令打开【信息】面板，在【信息】面板或【属性】面板的【X】和【Y】文本框中输入精确的坐标后，按 Enter 键即可将对象移动到指定位置，移动的精度可以达到 0.1 像素，如图 2-102 所示。

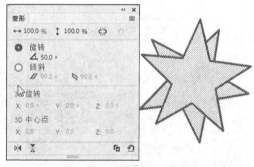

图 2-102

2.6.2 复制和粘贴图形

复制和粘贴图形对象可以使用菜单命令或键盘组合键。在【变形】面板中，还可以在复制对象的同时对图形对象应用变形。

▶ 使用菜单命令：选择要复制的对象，选择【编辑】|【复制】命令，再选择【编辑】|【粘贴】命令可以粘贴对象；选择【编辑】|【粘贴到当前位置】命令，可以保证在对象的坐标没有变化的情况下粘贴对象。

▶ 使用【变形】面板：选择对象，然后选择【窗口】|【变形】命令，打开【变形】面板，在该面板中可以设置对象旋转或倾斜的角度，单击【重制选区和变形】按钮 就可以复制对象。图 2-103 所示为将一个五角星以 50° 角进行旋转，并单击【重制选区和变形】按钮后所创建的图形。

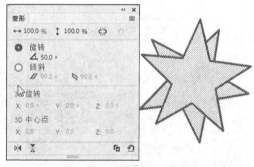

图 2-103

▶ 使用组合键：在移动对象的过程中按住 Alt 键拖动，此时鼠标指针带 形状，可以拖动并复制该对象，如图 2-104 所示。

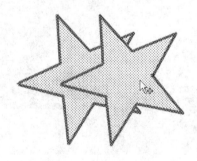

图 2-104

▶ 使用【直接复制】命令：在复制图形对象时，还可以选择【编辑】|【直接复制】命令或按 Ctrl+D

组合键对图形对象进行有规律的复制。图 2-105 所示为直接复制了 3 次的图形。

图 2-105

2.6.3　排列和对齐图形

在同一图层中，绘制的图形会根据创建的顺序层叠。用户可以使用【修改】|【排列】命令对多个图形对象进行上下排列，还可以使用【修改】|【对齐】命令将图形对象进行横向排列。

1.　排列图形对象

当在舞台上绘制多个图形对象时，会以层叠的方式显示各个图形对象。若要把下方的图形放置在最上方，则可以在选中该对象后，选择【修改】|【排列】|【移至顶层】命令完成操作。图 2-106 所示为先选中最底层的蓝色星形，选择命令后则移至顶层。

图 2-106

2.　层叠图形对象

当绘制多个图形时，需要使用【工具】面板中的【对象绘制】按钮 ◙，这样画出的图形在重叠时才不会影响其他图形。否则，上面的图形移动后，系统会删除掉下面层叠的图形。图 2-107 所示为没有使用【对象绘制】功能，所产生的图形重叠后再移动时，系统会删除掉下面层叠的图形。

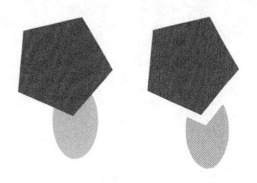

图 2-107

3.　对齐图形对象

打开【对齐】面板，在该面板中可以进行对齐对象的操作，如图 2-108 所示。

要对多个对象进行对齐与分布操作时，先选择图形对象，然后选择【修改】|【对齐】命令，在子菜单中选择多种对齐命令，或打开【对齐】面板进行设置。

图 2-108

2.6.4　组合和分离图形

组合图形是为了避免图形之间自动合并，所以对其进行组合，使其作为一个对象来进行整体操作，组合后的图形对象也可以进行分离操作以返回原始状态。

1.　组合图形对象

组合对象的方法是：先从舞台中选择需要组合的多个对象，可以是形状、组、元件或文本等各种类型，然后选择【修改】|【组合】命令，或按 Ctrl+G 组合键，即可组合对象。图 2-109 所示为许多个对象组合构成的图形，对其使用【修改】|【组合】命令后，变为一个组的图形。

如果需要对组中的单个对象进行编辑，则应选择【修改】|【取消组合】命令，或按 Ctrl+Shift+G 组合键取消组合，在组合对象上双击也可取消组合。

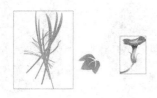

图 2-109

2. 分离图形对象

对于组合对象，可以使用【分离】命令将其拆散为单个对象，也可将文本、实例、位图及矢量图等元素打散成一个个的独立像素点，以便进行编辑。

对于组合而成的对象，可以选择【修改】|【分离】命令将其分离开。这条命令和【修改】|【取消组合】命令的效果是一样的，都是将组合对象返回到原始多个对象的状态。图 2-110 所示的"花草"原本是一个组，选择【分离】命令后，分成了两个对象。

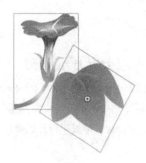

图 2-110

对于单个图形对象，选择【修改】|【分离】命令，可以把选择的对象分离成独立的像素点。

2.6.5　贴紧图形

如果要使图形对象彼此自动对齐，用户可以使用贴紧功能。Animate CC 主要提供了 6 种贴紧对齐方式，即【贴紧对齐】、【贴紧至网格】、【贴紧至辅助线】、【贴紧至像素】、【贴紧至对象】、【将位图贴紧至像素】等。

1. 贴紧对齐

【贴紧对齐】功能可以按照指定的贴紧对齐容差，即对齐对象和其他对象之间或对齐对象与舞台边缘的预设边界来对齐对象。要进行贴紧对齐，用户可以选择【视图】|【贴紧】|【贴紧对齐】命令，此时当拖动一个图形对象至另一个对象边缘时，画面会显示对齐线，如果此时释放鼠标，那么两个对象互为贴紧对齐，如图 2-111 所示。

图 2-111

2. 贴紧至网格

如果网格以默认尺寸显示，用户可以选择【视图】|【贴紧】|【贴紧至网格】命令，同样可以使图形对象边缘和网格边缘贴紧。

3. 贴紧至辅助线

选择【视图】|【贴紧】|【贴紧至辅助线】命令，可以使图形对象中心和辅助线贴紧。当拖动图形对象时，鼠标指针右下方会出现黑色小环，当图形中的小环接近辅助线时，该小环会变大，释放鼠标后图形对象中心即可和辅助线贴紧，如图 2-112 所示。

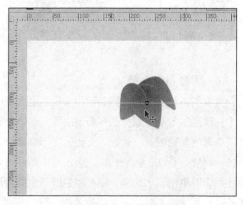

图 2-112

4. 贴紧至像素

【贴紧至像素】功能可以将图形对象直接与单独的像素或像素的线条贴紧。选择【视图】|【网格】|【显示网格】命令，让舞台显示网格。然后选择【视图】|【网格】|【编辑网格】命令，在【网格】对话框中设置网格尺寸为 1 像素×1 像素。最后选择【视图】|【贴紧】|【贴紧至像素】命令，并选择【工具】面板中的【矩形】工具。用户在舞台上随意绘制矩形图形时，会发现矩形的边缘紧贴至网格线，如图 2-113 所示。

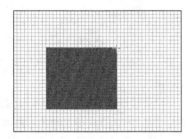

图 2-113

5. 贴紧至对象

【贴紧至对象】功能可以使对象沿着其他对象的边缘，并直接与它们对齐的对象贴紧。选择对象后，选择【视图】|【贴紧】|【贴紧至对象】命令即可；或者选择【工具】面板中【选择】工具后单击【工具】面板底部的【贴紧至对象】按钮也能使用该功能。当用户执行以上操作并拖动图形对象时，鼠标指针右下方会出现黑色小环，当对象处于另一个对象的贴紧距离内时，该小环会变大，释放鼠标后该对象即可和另一个对象边缘贴紧，如图 2-114 所示。

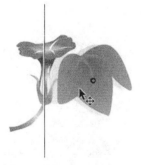

图 2-114

6. 将位图贴紧至像素

【将位图贴紧至像素】功能可以在舞台上将位图直接与单独的像素或像素的线条贴紧。选择【视图】|【网格】|【显示网格】命令，让舞台显示网格。设置网格尺寸为 1 像素×1 像素，并导入位图至舞台，移动位图和像素网格贴紧时会显示放大的圆圈，如图 2-115 所示。

图 2-115

2.6.6 使用【任意变形工具】

使用【工具】面板中的【任意变形工具】可以对图形对象进行旋转、扭曲等操作。

选择对象后，在对象的四周会显示 8 个控制点，在中心位置会显示 1 个中心点，如图 2-116 所示。

图 2-116

1. 任意变形

选择图形对象后，用户可以执行以下的变形操作。

➢ 将鼠标指针移至 4 个角上的控制点处，当鼠标指针变为时，按住鼠标左键进行拖动可同时改变对象的宽度和高度。

➢ 将鼠标指针移至 4 个边上的控制点处，当鼠标指针变为 ↔ 时，按住鼠标左键进行拖动可改变对象的宽度；当鼠标指针变为时，按住鼠标左键进行拖动可改变对象的高度。

将鼠标指针移至 4 个角上控制点的外侧，当鼠标指针变为⟲时，按住鼠标左键进行拖动可对对象进行旋转操作。

将鼠标指针移至 4 个边上，当鼠标指针变为⇌时，按住鼠标左键进行拖动可对对象进行倾斜操作。

将鼠标指针移至对象上，当鼠标指针变为⊹时，按住鼠标左键进行拖动可对对象进行移动操作。

将鼠标指针移至中心点的旁边，当鼠标指针变为▹时，按住鼠标左键进行拖动可改变中心点的位置。

2. 旋转与倾斜图形

选择【工具】面板中的【任意变形工具】，然后单击【工具】面板中【任意变形】按钮⊡，在其下拉列表中选择【旋转与倾斜】选项，如图 2-117 所示。

图 2-117

选中对象边缘的各个控制点，当鼠标指针显示为⟲形状时，可以旋转对象，如图 2-118 所示。当鼠标指针显示为⇌形状时，可以水平方向倾斜对象；当鼠标指针显示‖形状时，可以垂直方向倾斜对象。

图 2-118

3. 缩放图形

缩放图形对象不仅可以在垂直或水平方向上缩放，还可以在垂直和水平方向上同时缩放。选择【工具】面板中的【任意变形】工具，并单击【工具】面板中【任意变形】按钮⊡，在其下拉列表中选择【缩放】选项，选择要缩放的对象后，对象四周会显

示框选标志。拖动对象某条边上的中点可将对象进行垂直或水平的缩放。拖动对象的某个顶点，可以使对象在垂直和水平方向上同时进行缩放，如图 2-119 所示。

图 2-119

2.6.7 添加滤镜效果

Animate CC 允许对文本、影片剪辑或按钮添加滤镜效果，如投影、模糊、斜角等特效，使动画表现得更加丰富。

选择一个影片剪辑对象后，打开【属性】面板，单击【滤镜】选项卡将其打开。单击【添加滤镜】按钮＋，在弹出的下拉列表中不仅可以选择要添加的滤镜选项，还可以执行删除、启用和禁止滤镜效果，如图 2-120 所示。

图 2-120

添加滤镜后，在【滤镜】属性组中会显示该滤镜的属性，在【滤镜】面板中会显示该滤镜名称。

重复添加操作可以为对象创建多种不同的滤镜效果，如果单击【删除滤镜】按钮 🗑️，可以删除选中的滤镜效果，如图 2-121 所示。

图 2-121

1.【投影】滤镜

添加【投影】滤镜，该滤镜主要属性的作用如下。

▶ 如果要相对对象重新定位旋转控件中心点，拖动控件中心点即可。

▶【模糊 X】和【模糊 Y】文本框：设置投影的宽度和高度。

▶【强度】文本框：设置投影的阴影暗度，暗度与该文本框中的参数值成正比。

▶【角度】文本框：设置阴影的角度。

▶【距离】文本框：设置阴影与对象的距离。

▶【挖空】复选框：勾选该复选框可将对象实体挖空，只显示投影。

▶【内阴影】复选框：勾选该复选框可在对象边界内应用阴影。

▶【隐藏对象】复选框：勾选该复选框可隐藏对象，只显示其投影。

▶【阴影】：设置阴影颜色。

▶【品质】下拉列表框：设置投影的质量。

【投影】滤镜是模拟对象投影到一个表面的效果，其属性和效果如图 2-122 所示。

图 2-122

2.【模糊】滤镜

添加【模糊】滤镜，该滤镜主要属性的作用如下。

▶【模糊 X】和【模糊 Y】文本框：设置模糊的宽度和高度。

▶【品质】下拉列表框：设置模糊的质量级别。

【模糊】滤镜可以柔化对象的边缘和细节，其属性和效果如图 2-123 所示。

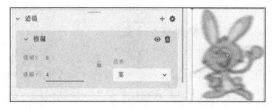

图 2-123

3.【发光】滤镜

添加【发光】滤镜，该滤镜主要属性的作用如下。

▶【模糊 X】和【模糊 Y】文本框：设置发光的宽度和高度。

▶【强度】文本框：设置对象的透明度。

▶【品质】下拉列表框：设置发光质量级别。

▶【颜色】：设置发光颜色。

▶【挖空】复选框：勾选该复选框可将对象实体挖空，只显示发光。

▶【内发光】复选框：勾选该复选框可使对象只在边界内发光。

【发光】滤镜的属性和效果如图 2-124 所示。

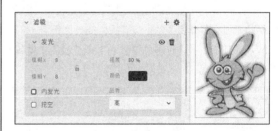

图 2-124

4.【斜角】滤镜

【斜角】滤镜的大部分属性设置与【投影】、【模糊】和【发光】滤镜相似。单击【类型】选项旁的按钮，在下拉列表中可以选择【内侧】、【外侧】、【全部】3 个选项，可以分别对对象进行内斜角、外斜角或完全斜角的处理，其属性和效果如图 2-125 所示。

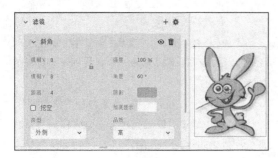

图 2-125

5.【渐变发光】滤镜

添加【渐变发光】滤镜可以使发光表面具有渐变效果。将鼠标指针移动至该滤镜【属性】面板的【渐变】选项上，当鼠标指针变为 形状时，单击可以添加一个颜色指针。单击该颜色指针，可以在弹出的颜色列表中设置渐变颜色。移动颜色指针的位置，可以设置渐变色差，该滤镜的属性和效果如图 2-126 所示。

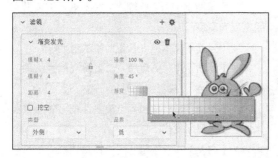

图 2-126

6.【渐变斜角】滤镜

【渐变斜角】滤镜可以使对象产生凸起效果，并使斜角表面具有渐变颜色，该滤镜的属性如图 2-127 所示。其【渐变】选项的设置和【渐变发光】滤镜里的设置相似。

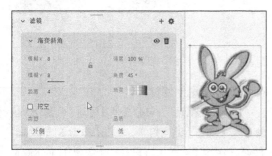

图 2-127

7.【调整颜色】滤镜

添加【调整颜色】滤镜，可以调整对象的亮度、

对比度、色相和饱和度。可以通过修改选项参数值的方式，对对象的颜色进行调整，如图 2-128 所示。

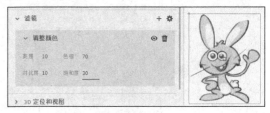

图 2-128

【例 2-5】使用滤镜制作倒影效果。

step 1 启动 Animate CC，新建一个文档。选择【文件】|【导入】|【导入到舞台】命令，打开【导入】对话框，选择一张背景图片，单击【打开】按钮，如图 2-129 所示。

图 2-129

step 2 使用【任意变形工具】调整图片大小，然后设置舞台匹配内容，如图 2-130 所示。

图 2-130

step 3 新建一个图层，选择【文件】|【导入】|【导入到舞台】命令，打开【导入】对话框，选择

一张背景图片，单击【打开】按钮，如图 2-131 所示。

图 2-131

step 4 调整帆船图形的大小后，按 Ctrl+B 组合键分离图像，如图 2-132 所示。

图 2-132

step 5 选择【魔术棒工具】，打开其【属性】面板，选择【平滑】选项，并设置【阈值】为 15，如图 2-133 所示。

step 6 使用【魔术棒工具】单击帆船的白色背景，然后按 Delete 键删除。使用【选择工具】选择帆船的所有元素，并选择【修改】|【组合】命令，

使其组合起来，然后拖至合适位置，如图 2-134 所示。

图 2-133

图 2-134

step 7 选择【修改】|【转换为元件】命令，打开【转换为元件】对话框。将帆船设置为【影片剪辑】元件，如图 2-135 所示。

图 2-135

step 8 依次按 Ctrl+C 和 Ctrl+V 组合键复制粘贴该元件。选择复制的图形，选择【修改】|【变形】|【垂直翻转】命令，将复制的图形翻转过来，如图 2-136 所示。

step 9 使用【3D 旋转工具】选择翻转的图形，将其旋转至合适位置，如图 2-137 所示。

图 2-136

图 2-137

step⑩ 打开其【属性】面板，打开其中的【滤镜】属性组，单击【添加滤镜】按钮，选择【模糊】滤镜，在【模糊 X】和【模糊 Y】文本框中输入"7"，在【品质】下拉列表框中选择【高】选项，如图 2-138所示。

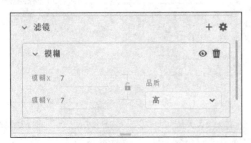

图 2-138

step⑪ 最后图形效果如图 2-139 所示。

step⑫ 选择【文件】|【保存】命令，打开【另存为】对话框，并将该文档命名为"倒影效果"加以

另存，如图 2-140 所示。

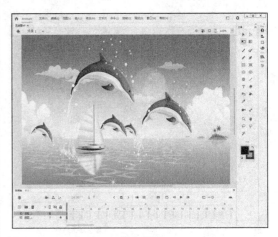

图 2-139

图 2-140

2.7 课堂互动

本章的课堂互动部分是编辑气球等几个实例操作，用户通过这几个实例的练习可以巩固本章所学的知识，更好地理解 Animate CC 绘制编辑图形的要点。

2.7.1 编辑气球

【例 2-6】在素材文档上添加一组彩色气球。

step① 启动 Animate CC，打开一个素材文档，如图 2-141 所示。

step② 新建一个名为"气球"的图层，如图 2-142所示。

图 2-141

图 2-142

step ③ 选择【文件】|【导入】|【导入到舞台】命令，打开【导入】对话框，选择 4 个气球的图片，单击【打开】按钮，如图 2-143 所示。

图 2-143

step ④ 使用【任意变形工具】在舞台上调整各个气球的大小，如图 2-144 所示。

step ⑤ 使用【选择工具】并按住 Shift 键将气球图形全部选中，再选择【修改】|【对齐】|【水平居中】命令，将气球居中对齐，如图 2-145 所示。

图 2-144

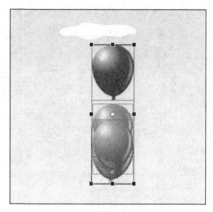

图 2-145

step ⑥ 选择红色气球图形，并选择【修改】|【排列】|【移至顶层】命令，将其放到最上方，然后按 Ctrl+C 组合键将其复制，按 Ctrl+V 组合键将其粘贴在舞台上。重复此操作复制两个红色气球，并调整其他气球的位置，如图 2-146 所示。

图 2-146

step ⑦ 选择橙色和粉色气球图形，使用【任意变形工具】将其倾斜旋转到合适位置，如图 2-147 所示。

图 2-147

step 8 选择【铅笔工具】绘制一条气球系绳，然后使用【选择工具】改变直线弧度，如图 2-148 所示。

图 2-148

step 9 选择【文件】|【另存为】命令，打开【另存为】对话框，并将该文档命名为"编辑气球"加以另存，如图 2-149 所示。

图 2-149

2.7.2 绘制立体图形

【例 2-7】绘制球体和圆锥体。

step 1 启动 Animate CC，新建一个文档，在【颜色】面板的下拉列表框中选择【径向渐变】选项。选择右边的颜色滑块，在文本框中输入"CC9900"，如图 2-150 所示。

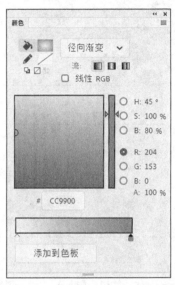

图 2-150

step 2 在【工具】面板中选择【椭圆工具】，设置笔触颜色为无、填充颜色为【颜色】面板中设置的渐变色。按住 Shift 键在舞台中绘制一个正圆，如图 2-151 所示。

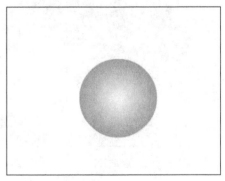

图 2-151

step 3 选择【渐变变形工具】，单击圆的渐变填充。拖动中心的控制手柄到右上部，如图 2-152 所示。

step 4 选择【椭圆工具】，在舞台中绘制一个任意的椭圆。选择【选择工具】，拖动椭圆圆周上的控制点。选择【任意变形工具】，将其调整为扇形，如图 2-153 所示。

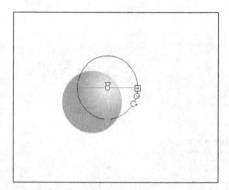

图 2-152

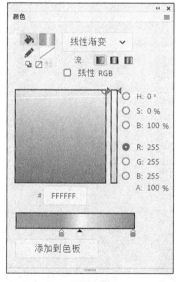

图 2-153

step 5　选择【渐变变形工具】，选择扇形的渐变填充。在【颜色】面板的下拉列表框中，选择【线性渐变】选项，然后添加颜色滑块以调整渐变，如图 2-154 所示。

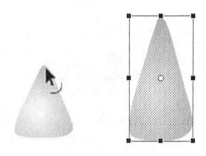

图 2-154

step 6　选择【渐变变形工具】，调整渐变颜色的方向，效果如图 2-155 所示。

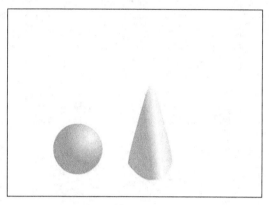

图 2-155

step 7　选择【文件】|【保存】命令，打开【另存为】对话框，将该文档命名为"绘制立体"并加以另存，如图 2-156 所示。

图 2-156

2.8　拓展案例——绘制风的轨迹

　　【案例制作要点】：先使用【矩形工具】绘制矩形，并使用【渐变变形工具】调整矩形的填充颜色；再导入草地图片，并使用【画笔工具】绘制风的轨迹，最后使用【选择工具】调整轨迹形状，效果如图 2-157 所示。

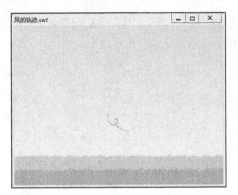

图 2-157

2.9 拓展案例——绘制光晕

【案例制作要点】：先使用【椭圆工具】绘制圆

形，并使用【渐变变形工具】调整填充颜色；再导入背景图片到舞台中，排列图片使背景移至底层，最后效果如图 2-158 所示。

图 2-158

3 Chapter

第 3 章
添加和编辑文本

Animate CC 中的文本是 Animate 动画中重要的组成元素之一，可以起到帮助表达动画意图以及美化动画的作用。本章将介绍添加和编辑文本的知识。

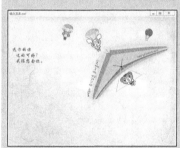

3.1 添加文本

使用【工具】面板中的【文本工具】可以创建文本对象。在创建文本对象之前，首先需要明确使用的文本类型，然后通过【文本工具】创建对应的文本框，从而实现不同类型文本对象的创建方法。

3.1.1 文本的类型

在 Animate CC 中，可以使用【文本工具】T创建多种类型的文本，文本类型可分为静态文本、动态文本、输入文本 3 种。

▶ 静态文本：默认状态下创建的文本对象均为静态文本，它在影片的播放过程中不会发生动态改变，因此常是说明性文字。

▶ 动态文本：该文本对象中的内容可以动态改变，甚至可以随着影片的播放自动更新，例如比分或者计时器等文字。

▶ 输入文本：该文本对象在影片的播放过程中用于在用户与动画之间产生互动，例如在表格中输入用户姓名等信息。

以上 3 种文本类型都可以在【文本工具】的【属性】面板中进行设置，如图 3-1 所示。

图 3-1

3.1.2 创建静态文本

要创建静态水平文本，首先应在【工具】面板中选择【文本工具】T，当鼠标指针变为形状时，在舞台中的空白处单击即可创建一个可扩展的静态水平文本框。该文本框的右上角具有圆形手柄标识，其输入区域可随需要自动横向延长，如图 3-2 所示。

图 3-2

如果选择【文本工具】后在舞台中拖动，则可以创建一个具有固定宽度的静态水平文本框。该文本框的右上角具有方型手柄标识，其输入区域宽度是固定的，当输入文本超出该宽度时将自动换行，如图 3-3 所示。

图 3-3

此外，还可以创建静态垂直文本，用户只需在【属性】面板中进行设置即可，如图 3-4 所示。

图 3-4

3.1.3　创建动态文本

要创建动态文本，首先选择【文本工具】，打开其【属性】面板，并单击【静态文本】按钮，在下拉列表中可以选择【动态文本】类型。然后单击舞台空白处，可以创建一个具有固定宽度和高度的动态水平文本框，拖动鼠标指针可以创建一个自定义固定宽度的动态水平文本框。在该文本框中输入文字，即可创建动态文本，如图 3-5 所示。

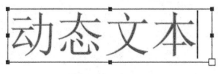

图 3-5

此外，用户还可以创建动态可滚动文本，动态可滚动文本的特点是：可以在指定大小的文本框内显示超过该范围的文本内容。创建动态可滚动文本后，其文本框的右下方会显示一个黑色的实心方形手柄，如图 3-6 所示。

动态可滚动文本

图 3-6

在 Animate CC 中，创建动态可滚动文本有以下几种方法。

➤ 按住 Shift 键的同时双击动态文本框的圆形或方形手柄。

➤ 使用【选择工具】选择动态文本框，然后选择【文本】|【可滚动】命令。

➤ 使用【选择工具】选择动态文本框，右击该动态文本框，在弹出的快捷菜单中选择【可滚动】命令。

3.1.4　创建输入文本

输入文本可以在动画中创建一个允许用户填充的文本区域，因此它主要应用在一些交互性比较强的动画中，如有些动画需要用到内容填写、用户名或者密码输入等操作，就需要添加输入文本。

选择【文本工具】，在其【属性】面板中选择【输入文本】类型后单击舞台空白处，可以创建一个具有固定宽度和高度的动态水平文本框，拖动水平文本框可以创建一个自定义固定宽度的动态水平文本框。

【例 3-1】新建一个文档，创建输入文本。

step 1　启动 Animate CC，新建一个文档。选择【文件】|【导入】|【导入到舞台】命令，打开【导入】对话框。选择一个位图文件，然后单击【打开】按钮将其导入舞台，如图 3-7 所示，并设置其大小和位置。

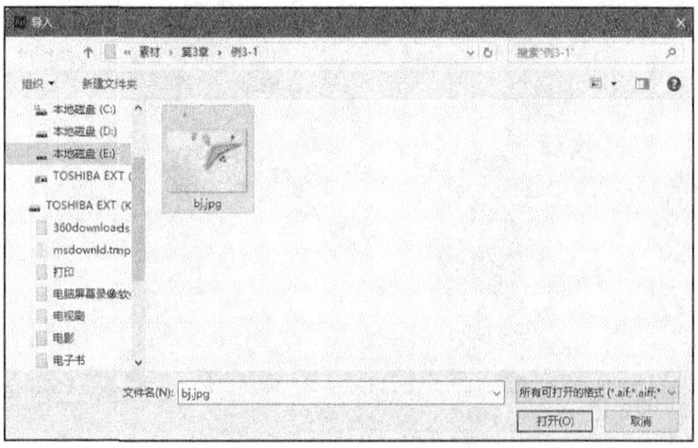

例 3-1 创建输入文本

图 3-7

step 2　在【工具】面板中选择【文本工具】，打开其【属性】面板，选择【输入文本】选项。在【字符】属性组内设置字体为【华文行楷】、【大小】为 20pt、填充颜色为红色。在【段落】属性组内设置【行为】为【多行】，如图 3-8 所示。

step 3　拖动鼠标指针在舞台中绘制一个文本框，如图 3-9 所示。

step 4　保存文档后，按 Ctrl+Enter 组合键将文档导出并预览动画，然后在其中输入文字测试动画效果，如图 3-10 所示。

图 3-8

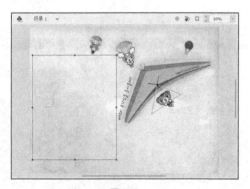

图 3-9

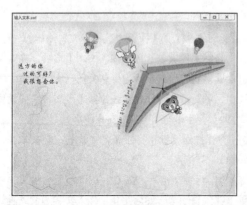

图 3-10

3.2 编辑文本

创建文本后，可以对文本进行一些编辑操作，主要包括设置文本属性和对文本进行分离、变形、剪切、复制和粘贴等操作。

3.2.1 设置文本属性

用户可以使用【文本工具】的【属性】面板对文本的字符和段落属性进行设置。

1. 设置字符属性

在【属性】面板的【字符】属性组中，可以设置选定文本字符的字体、大小和颜色等，如图 3-11 所示。设置文本颜色时只能使用纯色，不能使用渐变色。如果要对文本应用渐变色，必须将文本转换为线条或填充图形。

图 3-11

其中主要属性作用如下。

▶【系列】下拉列表框：可以在其下拉列表中选择文本字体。

▶【样式】下拉列表框：可以在其下拉列表中选择文本字体样式，如加粗、倾斜等。

▶【大小】文本框：设置文本字体大小。

▶【填充】：设置文本字体颜色。

▶【呈现】下拉列表框：提供 5 种消除锯齿模式。

▶【字母间距】文本框：设置文本字符间距。

▶【自动调整字距】复选框：勾选该复选框，系统会自动调整文本内容至合适间距。

2. 设置段落属性

在【属性】面板的【段落】属性组中，用户可以设置对齐方式、边距、缩进和行距等，如图3-12所示。

图 3-12

其中主要属性作用如下。

▶【格式】文本框：设置段落文本的对齐方式。

▶【间距】文本框：设置段落边界和首行开头之间的距离以及段落中相邻行之间的距离。

▶【边距】文本框：设置文本框的边框和文本段落之间的间隔。

▶【行为】下拉列表框：为动态文本和输入文本提供单行或多行的设置。

3.2.2　分离文本

在 Animate CC 中，文本的分离原理和分离方法与之前介绍的分离图形类似。

选择文本后，选择【修改】|【分离】命令，将文本分离一次可以使其中的文字成为单个字符，分离两次可以使其成为填充图形，图 3-13 所示为分离一次的效果。图 3-14 所示为分离两次变为填充图形的效果。

图 3-13

Animate

图 3-14

文本一旦被分离为填充图形后，就不再具有文本的属性，而是拥有了填充图形的属性。即对于分离为填充图形的文本，用户不能再更改其字体或字符间距等文本属性，但可以对其进行渐变填充或位图填充等操作。

3.2.3　变形文本

将文本分离为填充图形后，即可非常方便地改变文本的形状。要改变分离后文本的形状，可以使用【工具】面板中的【选择工具】或【部分选取工具】，对其进行各种变形操作。

▶ 使用【选择工具】编辑分离文本的形状时，可以在未选择分离文本的情况下将鼠标指针靠近分离文本的边界，当鼠标指针变为 ⌐ 或 ⌐ 形状时，按住鼠标左键进行拖动，即可改变分离文本的形状，如图 3-15 所示。

图 3-15

▶ 使用【部分选取工具】对分离文本进行编辑操作时，可以先使用【部分选取工具】选择要修改的分离文本，使其显示出锚点。然后选中锚点进行拖动或编辑其曲线调节手柄，如图 3-16 所示。

Animate

图 3-16

3.2.4　消除文本锯齿

有时动画中的文字会显得模糊不清，这往往是由于创建的文本较小无法清楚显示的缘故。通过在文本的【属性】面板中对文本锯齿设置优化，可以很好地解决这一问题。

选择舞台中的文本，然后进入【属性】面板的【字符】属性组，在【呈现】下拉列表框中选择所需的消除锯齿选项即可消除文本锯齿，如图 3-17 所示。

图 3-17

当用户使用消除锯齿功能后，动画中的文字边缘将会变得平滑、细腻，锯齿和马赛克现象将得到改观，如图 3-18 所示。

图 3-18

3.2.5　添加文字链接

在 Animate CC 中，可以将静态或动态的水平文本链接到 URL，从而在用户单击该文本的时候，可以跳转到其他文件、网页或电子邮件。

要将水平文本链接到 URL，首先要使用工具箱中的【文本工具】选择文本框中的部分文本，或使用【选择工具】从舞台中选择一个文本框，然后在其【属性】面板的【链接】中输入要将文本块链接到的 URL 地址。

【例 3-2】添加文本链接。 🔴视频

step 1 启动 Animate CC，新建一个文档。选择【文件】|【导入】|【导入到舞台】命令，打开【导入】对话框。选择一张位图图片文件，然后单击【打开】按钮，如图 3-19 所示。

例 3-2 添加文本链接

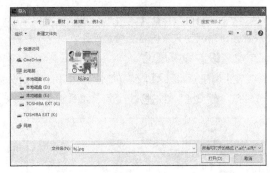

图 3-19

step 2 此时，在舞台上显示的是该图片，调整其大小和位置，效果如图 3-20 所示。

图 3-20

step 3 在【工具】面板中选择【文本工具】，在其【属性】面板中设置文字为【静态文本】，文字方向为水平，字体为【华文琥珀】，大小为 40pt，填充颜色为红色，如图 3-21 所示。

图 3-21

step 4 单击舞台合适位置，在文本框中输入"网购"，如图 3-22 所示。

图 3-22

step 5 选择文本，在【属性】面板中打开【选项】属性组，并在【链接】文本框内输入淘宝网的网址，如图 3-23 所示。

图 3-23

step 6 保存文档，并按 Ctrl+Enter 组合键测试影片。将鼠标指针移至文本上方，鼠标指针会变为手型，如图 3-24 所示。单击文本，即可打开浏览器，进入淘宝网首页，如图 3-25 所示。

图 3-24

图 3-25

3.3 使用文本效果

在 Animate CC 中，使用滤镜、上下标、段落设置等效果，以及输入一些特殊的文本内容可以给文字带来视觉上的改变。

3.3.1 添加文本滤镜

滤镜是一种应用到对象上的图形效果。Animate CC 允许对文本添加滤镜效果，使文字表现效果更加绚丽多彩。

选择文本，打开【属性】面板，并单击【滤镜】属性组，打开【滤镜】面板，单击【添加滤镜】按钮＋，在其下拉列表中不仅可以选择要添加的滤镜选项，还可以删除、启用和禁止滤镜效果。添加后的效果将会显示在【滤镜】属性组中，如果单击【删除滤镜】按钮，就可以删除选中的滤镜效果，如图 3-26 所示。

图 3-26

例如使用【投影】滤镜时，文本效果如图 3-27 所示。

图 3-27

使用【模糊】滤镜时，文本效果如图 3-28 所示。

图 3-28

使用【发光】滤镜时，文本效果如图 3-29 所示。

图 3-29

使用【斜角】滤镜时，文本效果如图 3-30 所示。

图 3-30

使用【渐变发光】滤镜时，文本效果如图 3-31 所示。

图 3-31

使用【渐变斜角】滤镜时，文本效果如图 3-32 所示。

图 3-32

使用【调整颜色】滤镜时，文本效果如图 3-33 所示。

图 3-33

此外，滤镜效果还可以多个效果叠加，以产生更加复杂多变的效果。

3.3.2 制作上下标文本

在输入某些特殊文本时（如一些数学公式），需要将文本内容转为上下标类型，用户在【属性】面板中即可进行设置。

【例 3-3】制作上下标文本的公式。 视频

step 1 启动 Animate CC，新建一个文档。在【工具】面板中选择【文本工具】，并在其【属性】面板中设置文字为【静态文本】，字体为【Arial】，【大小】为 60pt，填充颜色为蓝色。在舞台中输入一组数学公式，如图 3-34 所示。

例 3-3 制作上下标文本的公式

图 3-34

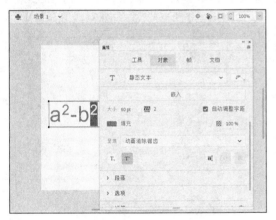

图 3-34（续）

step 2 选择字母后面的 "2"，在其【属性】面板中单击【切换上标】按钮，将其设置为上标，如图 3-35 所示。

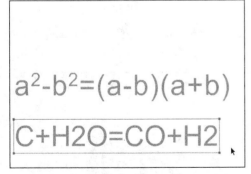

图 3-35

step 3 输入一组公式，效果如图 3-36 所示。

$$a^2 \text{-} b^2 = (a\text{-}b)(a+b)$$
$$C+H2O=CO+H2$$

图 3-36

step 4 选择字母后面的 "2"，在其【属性】面板中单击【切换下标】按钮，将其设置为下标，如图 3-37 所示。

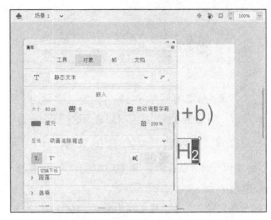

图 3-37

3.3.3　调整文本字距

Animate CC 中的文本一般以默认的间距显示，用户可以根据自己的需求重新调整文本间距。

例如，在【工具】面板中选择【文本工具】，输入文本并选择文本，在其【属性】面板中打开【字符】选项卡，在【间距】文本框中输入 "50" 以改变文本间距的设置，如图 3-38 所示。

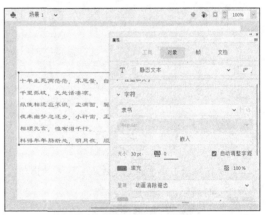

图 3-38

3.4 课堂互动

本章的课堂互动部分是制作斑点文字等几个实例操作，用户通过练习从而巩固本章的所学知识。

3.4.1 制作斑点轮廓的文字

【例 3-4】制作带有斑点轮廓的文字。视频

step① 启动 Animate CC，新建一个文档。在【工具】面板中选择【文本工具】，在其【属性】面板中设置文字为【静态文本】，字体为【华文琥珀】，【大小】为 160pt，填充颜色为红色，如图 3-39 所示。

例 3-4 制作斑点轮廓的文字

图 3-39

step② 在舞台上单击建立文本框，输入"河川"，如图 3-40 所示。

图 3-40

step③ 选择文本，按两次 Ctrl+B 组合键分离文字，如图 3-41 所示。

图 3-41

step④ 选择【墨水瓶工具】，在其【属性】面板中设置笔触颜色为黄色，填充颜色为无，【笔触大小】为 10，【样式】为点刻线，如图 3-42 所示。

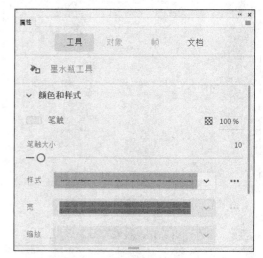

图 3-42

step⑤ 分离文本形状，使其轮廓带上斑点效果，如图 3-43 所示。

图 3-43

step 6 　选择所有文本，按 Ctrl+G 组合键将其组合起来，如图 3-44 所示。

图 3-44

step 7 　选择【文件】|【导入】|【导入到舞台】命令，打开【导入】对话框，选择一张位图文件，单击【打开】按钮，如图 3-45 所示。

图 3-45

step 8 　导入图片后，右击图片，在弹出的快捷菜单中选择【排列】|【下移一层】命令，如图 3-46 所示。

图 3-46

step 9 　选择【修改】|【文档】命令，打开【文档设置】对话框，单击【匹配内容】按钮，单击【确定】按钮，如图 3-47 所示。

图 3-47

step 10 　保存该文档，效果如图 3-48 所示。

图 3-48

3.4.2　制作多彩的文字

【例 3-5】制作多彩的文字。 视频

step 1 　启动 Animate CC，新建一个文档。选择【文件】|【导入】|【导入到舞台】命令，选择图形文件导入舞台中，如图 3-49 所示。

例 3-5 制作多彩的文字

图 3-49

step ② 使用【任意变形工具】调整图形大小，并使舞台匹配内容，如图 3-50 所示。

图 3-50

step ③ 选择【插入】|【时间轴】|【图层】命令，插入新图层，如图 3-51 所示。

图 3-51

step ④ 选择新建图层，选择【文本工具】，打开其【属性】面板，设置文字为【静态文本】，字体为隶书，大小为 50pt，填充颜色为蓝色，如图 3-52 所示。

图 3-52

step ⑤ 在舞台中单击建立文本框，输入"成长由心开始!"，如图 3-53 所示。

图 3-53

step ⑥ 选择文本，连续按两次 Ctrl+B 组合键，将文本分离成图形对象，如图 3-54 所示。

图 3-54

step ⑦ 选择【墨水瓶工具】，设置填充图形对象的笔触颜色为红色，如图 3-55 所示。

图 3-55

step ⑧ 选择【选择工具】，选择并删除图形对象中的填充内容，剩下图形外框，如图 3-56 所示。

step ⑨ 选择图形外框，选择【颜料桶工具】，单击【笔触颜色】按钮，在打开的面板中选择彩虹色，如图 3-57 所示。

图 3-56

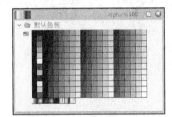

图 3-57

step ⑩ 选择【文件】|【保存】命令，打开【另存为】对话框，将文档以"多彩文字"为名保存，如图 3-58 所示。

图 3-58

step ⑪ 按 Ctrl+Enter 组合键，测试动画效果，如图 3-59 所示。

图 3-59

3.5　拓展案例——给文字添加滤镜

给文字添加滤镜

【案例制作要点】：先输入静态文本，为其添加【渐变斜角】滤镜，再导入背景图片并将其排列至底层，最后效果如图 3-60 所示。

图 3-60

3.6　拓展案例——制作彩虹文字

制作彩虹文字

【案例制作要点】：先导入背景图片，再新建图层并输入静态文本，然后分离文本；在【颜色】面板内设置彩虹色填充，并使用【颜料桶工具】拖动文字，最后效果如图 3-61 所示。

图 3-61

第 4 章
导入资源和元件应用

Animate CC 可以导入外部位图和视频、音频等多媒体文件作为特殊的元素应用，从而为制作动画提供了更多可以应用的素材。将元素转换为元件后，可以在动画中对其进行多次调用。本章将介绍使用 Animate CC 导入多媒体资源和运用元件的操作。

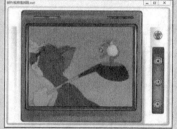

4.1 导入图形

通过 Animate CC 能够绘制出矢量图形，但它无法与专业的绘图软件相媲美。因此，从外部导入制作好的图形元素成为动画设计制作过程中的常用操作。

4.1.1　导入位图

要将位图导入舞台，可以选择【文件】|【导入】|【导入到舞台】命令，打开【导入】对话框，选择需要导入的图形文件后，单击【打开】按钮即可将其导入到当前的舞台中。

导入图像文件时，可以选择多个图像同时导入，只需按住 Ctrl 键逐个选择，或框选多个图像文件的缩略图即可实现同时导入，如图 4-1 所示。

图 4-1

4.1.2　编辑位图

在导入了位图文件后，可以对其进行各种编辑操作，例如修改位图属性、将位图分离或者将位图转换为矢量图等。

1. 设置位图属性

要修改位图的属性，可在导入位图后，在【库】面板中位图的名称处右击，在弹出的快捷菜单中选择【属性】命令，如图 4-2 所示，打开【位图属性】对话框进行设置。

在【位图属性】对话框中（见图 4-3），主要属性作用如下。

▶ 在【选项】选项卡里，第一行文本框中显示的是位图的名称，用户可以在该文本框中更改位

图在文档中显示的名称。

图 4-2

图 4-3

▶【允许平滑】：勾选该复选框，可以使用消除锯齿功能来平滑位图的边缘。

▶【压缩】：对于具有复杂颜色或色调变化的图像，如具有渐变填充的照片或图像，常使用【照片（JPEG）】压缩格式；对于具有简单形状和相对较少颜色的图像，常使用【无损（PNG/GIF）】压缩格式，这样不会丢失该图像中的任何数据。

▶【品质】：有【使用导入的 JPEG 数据】和【自定义】两个选项可以选择。用户可以在【自定义】后面输入参数值来调节位图品质，输入的值越大图像越完整，同时产生的文件也就越大。

▶【更新】按钮：单击该按钮，可以按照设置对位图进行更新。

▶【导入】按钮：单击该按钮，打开【导入位图】

对话框，选择导入新的位图以替换原有的位图。

▶【测试】按钮：单击该按钮，可以对设置效果进行测试，在【位图属性】对话框的下方将显示设置后图像的大小及压缩比例等信息。

2. 分离位图

分离位图可将位图中的像素点分散到离散的区域，这样可以分别选中这些区域进行编辑修改。

在分离位图时可以先选中舞台中的位图，然后选择【修改】|【分离】命令，或者按 Ctrl+B 组合键，对位图进行分离操作。在使用【选择工具】选择分离后的位图时，该位图上将均匀地蒙上一层细小的白点，这表明该位图已完成了分离操作，如图 4-4 所示。

图 4-4

3. 位图转换为矢量图

要将位图转换为矢量图，可以选择要转换的位图，选择【修改】|【位图】|【转换位图为矢量图】命令，打开【转换位图为矢量图】对话框，如图 4-5 所示。

图 4-5

🔍 **知识点滴**

如果对位图进行了较高精细度的转换，则生成的矢量图可能会比原来的位图要大得多。

该对话框中各属性功能如下。

▶【颜色阈值】文本框：可以在文本框中输入 1～500 的值，该值越大转换后的颜色信息也就丢失得越多，但是转换的速度也越快。

▶【最小区域】文本框：可以在文本框中输入 1～1000 的值，用于设置在指定像素的颜色时要考虑的周围像素的数量；该值越小转换的精度就越高，但相应的转换速度也越慢。

▶【角阈值】下拉列表框：可以选择是保留锐边还是进行平滑处理。在其下拉列表中选择【较多转角】选项，可使转换后矢量图中的尖角保留较多的边缘细节；选择【较少转角】选项，则转换后矢量图中的尖角边缘细节会较少。

▶【曲线拟合】下拉列表框：可以设置轮廓绘制的平滑程度，其下拉列表中包含【像素】、【非常紧密】、【紧密】、【一般】、【平滑】及【非常平滑】6 个选项。

【例 4-1】位图转换为矢量图。 🔴视频

step 1 启动 Animate CC，新建一个文档。选择【文件】|【导入】|【导入到舞台】命令，打开【导入】对话框，选择一张位图，单击【打开】按钮，将其导入舞台中，如图 4-6 所示。

例 4-1 位图转换为矢量图

图 4-6

step 2 选择导入的位图，选择【修改】|【位图】|【转换位图为矢量图】命令，打开【转换位图为矢量图】对话框。对于一般的位图而言，设置【颜色阈

值】为 10~20，可以保证图像不会明显失真，如
图 4-7 所示。

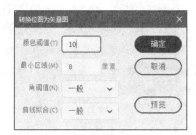

图 4-7

step 3 此时位图已经转换为矢量图。将舞台匹配
内容，效果如图 4-8 所示。

图 4-8

step 4 选择【工具】面板中的【滴管工具】，并将
鼠标指针移至图像中间的白云位置，单击吸取图像
颜色，如图 4-9 所示。

图 4-9

step 5 选择【工具】面板中的【画笔工具】，并将

鼠标指针移至图像中间的字符上。按住鼠标左键拖
动刷上白色掩盖文字，如图 4-10 所示。

图 4-10

step 6 选择【文件】|【保存】命令，打开【另存
为】对话框，将文档命名为"位图转换为矢量图"，
并加以保存，如图 4-11 所示。

图 4-11

4.1.3 导入其他图形格式

在 Animate CC 中，还可以导入 PSD、AI 等格
式的图像文件。

1. 导入 PSD 文件

PSD 格式是默认的 Photoshop 文件格式。
Animate CC 可以直接导入 PSD 文件并保留很多
Photoshop 的功能，此外还可以在 Animate CC 中
保持 PSD 文件的图像质量和可编辑性。

选择【文件】|【导入】|【导入到舞台】命令，
在打开的【导入】对话框中选择要导入的 PSD 文
件，然后单击【打开】按钮，打开【将 "*.psd" 导
入到舞台】对话框，如图 4-12 所示。

图 4-12

在该对话框中，【将图层转换为】下拉列表框有 3 个选项，其具体的作用如下。

▶【Animate 图层】：选择该选项后，在图层列表框中勾选的图层导入 Animate 后将会放置在各自的图层上，并且具有与原来 Photoshop 图层相同的名称。

▶【单一 Animate 图层】选项：选择该选项后，可以将导入文档中的所有图层转换为 Animate 文档中的单个平面化图层。

▶【关键帧】选项：选择该选项后，在图层列表框中勾选的图层，在导入 Animate 2019 后将会按照 Photoshop 图层从下到上的顺序，将它们分别放置在一个新图层从第 1 帧开始的各关键帧中，并且以 PSD 文件的文件名来命名该新图层。

该对话框中其他主要属性作用如下。

▶【将对象置于原始位置】复选框：勾选该复选框，导入的 PSD 文件内容将保持在 Photoshop 中的准确位置。例如，如果某对象在 Photoshop 中的坐标为（100，50），那么它在舞台上将具有相同的坐标；如果没有勾选该复选框，那么导入的

Photoshop 图层将位于舞台的中间位置。PSD 文件中的项目在导入时将保持彼此的相对位置，所有对象在当前视图中将作为一个块位于中间位置。这个功能适用于放大舞台的某一区域，并为舞台的该区域导入特定对象。如果此时使用原始坐标导入对象，则可能无法看到导入的对象，因为它可能被置于当前舞台的视图之外。

▶【将舞台大小设置为与 Photoshop 画布同样大小】复选框：勾选该复选框，导入 PSD 文件时，舞台大小会调整为与该 PSD 文件的画布大小相同。

2. 导入 AI 文件

AI 文件是 Illustrator 的默认保存格式。要导入 AI 文件，可以选择【文件】|【导入】|【导入到舞台】命令，在打开的【导入】对话框中选择要导入的 AI 文件，单击【确定】按钮，打开【将 "*.ai" 导入到舞台】对话框。在该对话框中的【将图层转换为】下拉列表框内，可以选择将 AI 文件的图层转换为【Animate 图层】、【关键帧】或【单一 Animate 图层】，如图 4-13 所示。

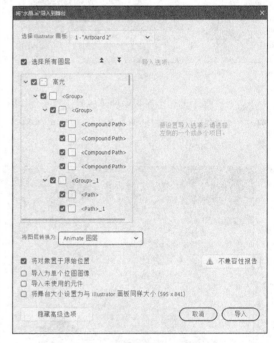

图 4-13

在【将 "*.ai" 导入到舞台】对话框中，其他主要属性作用如下。

▶【将对象置于原始位置】复选框：勾选该复

选框，导入 AI 文件的内容将保持在 Illustrator 中的准确位置。

▶【导入未使用的元件】复选框：勾选该复选框，在 Illustrator 画板上没有实例的所有 AI 文件的库元件都将导入 Animate CC 的库中；如果没有勾选该复选框，那么没有使用的元件就不会被导入 Animate 中。

▶【导入为单个位图图像】复选框：勾选该复选框，可以将 AI 文件整个导入为单个的位图，并禁用【将"*.ai"导入到舞台】对话框中的图层列表和导入选项。

▶【将舞台大小设置为与 Illustrator 画板同样大小】复选框：勾选该复选框，导入 AI 文件，设计区的大小将调整为与 AI 文件的画板（或活动裁剪区域）相同的大小；默认情况下，该复选框是未勾选状态。

4.2　导入声音

在 Animate 动画中为了追求更丰富的动画效果，使用声音是十分必要的。在 Animate CC 中，用户可以使用多种方法在影片中添加音频文件，从而创建出有声动画。

4.2.1　导入声音的操作

在导入声音时，用户可以为按钮添加音效，也可以将声音导入到时间轴上，以此作为整个动画的背景音乐。

1. 声音类型

在 Animate CC 动画中插入声音文件，首先需要决定插入声音的类型。Animate CC 中的声音分为事件声音和音频流两种。

▶ 事件声音：事件声音必须在动画全部下载完后才可以播放，如果没有明确的停止命令，它将连续播放；在 Animate CC 动画中，事件声音常用于设置单击按钮时的音效或者用来表现动画中某些短暂的音效；因为事件声音必须全部下载才能播放，因此此类声音文件不能过大，以减少下载动画时间；在运用事件声音时要注意，无论什么情况下，事件声音都是从头开始播放的，且无论声音的长短都只能插入一个帧中。

▶ 音频流：音频流在前几帧下载了足够的数据后就会开始播放，通过和时间轴同步可以使其更好地在网站上播放，用户可以边观看边下载，此类声音多应用于动画的背景音乐。

在实际制作动画的过程中，绝大多数是结合事件声音和音频流两种方法来插入音频的。

声音的采样率是指采集声音样本的频率，即在一秒的声音里采集了样本的次数。

几乎所有声卡内置的采样频率都是 44.1 kHz，所以在 Animate CC 动画中播放声音的采样率应该是 44.1 的倍数，如 22.05、11.025 等。如果使用了其他采样率的声音，Animate CC 会对它进行重新采样。重新采样后虽然可以播放，但是最终播放出来的声音可能比原始声音的声调偏高或偏低，这样就会偏离原来的创意，以至影响整个动画的效果。

声道是指声音的通道。系统把一个声音分解成多个声音通道，再分别进行播放。增加一个声道也就意味着多一倍的信息量，声音文件也会相应增大一倍。为了减小声音文件的大小，在 Animate 动画中通常使用单声道。

2. 导入声音到库

在 Animate CC 中，可以导入 WAV、MP3 等格式的声音文件。导入文档的声音文件一般会保存在【库】面板中，因此其与元件一样，只需要创建声音文件的实例就可以以各种方式在 Animate CC 动画中使用该声音。

要将声音文件导入 Animate CC 文档的【库】面板中，可以选择【文件】|【导入】|【导入到库】命令。打开【导入到库】对话框，选择导入的声音文件，单击【打开】按钮，如图 4-14 所示，将添加声音文件至【库】面板，如图 4-15 所示。

图 4-14

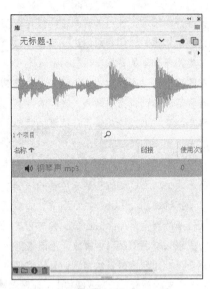

图 4-15

3. 导入声音到文档

从【库】面板拖动声音文件到舞台中，即可将其添加至当前文档。选择【窗口】|【时间轴】命令，打开【时间轴】面板，该面板中显示了声音文件的波形，如图 4-16 所示。

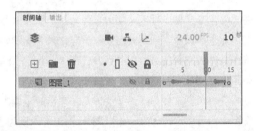

图 4-16

选择时间轴中包含声音波形的帧，打开【属性】面板，可以在【声音】属性组中查看该声音文件的属性，如图 4-17 所示。

在【属性】面板中，【声音】属性组中的主要属性作用如下。

➤【名称】下拉列表框：选择导入的一个或多个声音文件名称。

➤【效果】下拉列表框：设置声音的播放效果。【效果】下拉列表框中包括以下几个选项（在 WebGL和 HTML5 Canvas 文档中不支持这些效果）。

➤【同步】下拉列表框：设置声音的同步方式。【同步】下拉列表框中包括以下几个选项。

图 4-17

➤【事件】选项：会将声音和一个事件的发生过程同步起来。当事件声音的开始关键帧首次显示时，事件声音将播放，并且将完整播放，而不管播放头在时间轴上的位置如何，即使 Animate 动画停止播放它也会继续播放。当播放发布的 Animate 动画时，事件声音会与其混合在一起。如果事件声音正在播放时声音被再次实例化（例如，用户再次单击按钮或播放头通过声音的开始关键帧），那么声音的第一个实例将继续播放，而同一声音的另一个实例同时开始播放。在使用较长的声音时请记住这一点，因为它们可能发生重叠，导致意外的音频效果。

➤【开始】选项：与【事件】选项的功能相近，但是如果声音已经在播放，则新声音实例就不会播放。

➤【停止】选项：使指定的声音静音。

➤【数据流】选项：同步声音，以便在网站上播放。Animate CC 会强制动画和音频流同步。如果Animate CC 绘制动画帧的速度不够快，它就会跳过帧。与事件声音不同，音频流会随着 Animate CC动画的停止而停止。而且，音频流的播放时间绝对不会比帧的播放时间长。当发布 Animate CC 动画时，会与音频流混合在一起（在 WebGL 和 HTML5Canvas 文档中不支持音频流的设置）。

➤【重复】下拉列表框：在其下拉列表中可以选择【重复】和【循环】两个选项。选择【重复】选项，可以在右侧的【循环次数】文本框中输入声音外部循环播放的次数；选择【循环】选项，声音文件将循环播放。

▶【无】选项：不对声音文件应用效果。选择此选项将删除以前应用的效果。

▶【左声道/右声道】选项：只在左声道或右声道中播放声音。

▶【向右淡出/向左淡出】选项：会将声音从一个声道切换到另一个声道。

▶【淡入】选项：随着声音的播放逐渐增加音量。

▶【淡出】选项：随着声音的播放逐渐减小音量。

▶【自定义】选项：允许使用【编辑封套】创建自定义的声音淡入和淡出点。

4.2.2　编辑声音

在 Animate CC 中，可以改变声音开始播放、停止播放的位置和控制播放的音量。

1. 编辑声音封套

选择一个包含声音文件的帧，打开其【属性】面板，单击【编辑声音封套】按钮 ◀ ，打开【编辑封套】对话框。其中上面和下面两个显示框分别代表左声道和右声道，如图 4-18 所示。

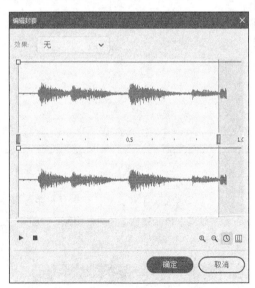

图 4-18

在【编辑封套】对话框中，主要属性作用如下。

▶【效果】下拉列表框：设置声音的播放效果，在该下拉列表框中可以选择【无】、【左声道】、【右声道】、【从左到右淡出】、【从右到左淡出】、【淡入】、【淡出】和【自定义】8 个选项；选择任意

效果，即可在下面的显示框中显示该声音效果的封套线。

▶ 封套手柄：在显示框中拖动封套手柄，可以改变声音不同点处的播放音量。在封套线上单击，即可创建新的封套手柄，最多可创建 8 个封套手柄。选择任意封套手柄，将其拖至对话框外面，即可删除该封套手柄。

▶【放大】和【缩小】按钮：可以改变窗口中声音波形的显示。单击【放大】按钮 ⊕ ，可以水平方向放大显示窗口的声音波形，一般用于细致查看声音波形操作；单击【缩小】按钮 ⊖ ，可以水平方向缩小显示窗口的声音波形，一般用于查看波形较长的声音文件。

▶【秒】和【帧】按钮：设置声音是以秒为单位显示或是以帧为单位显示。单击【秒】按钮 ⊙ ，则窗口中的水平轴为时间轴，其刻度以秒为单位，这是 Animate CC 默认的显示状态；单击【帧】按钮 ▥ ，则窗口中的水平轴为时间轴，其刻度以帧为单位。

▶【播放】按钮：单击【播放】按钮 ▶ ，可以测试编辑后的声音效果。

▶【停止】按钮：单击【停止】按钮 ■ ，可以停止声音的播放。

▶【开始时间】和【停止时间】：拖动 ▥ 可以改变声音的起始点和结束点位置。

2.【声音属性】对话框

添加的声音文件也可以设置属性。导入声音文件到【库】面板中，右击声音文件，在弹出的快捷菜单中选择【属性】命令，打开【声音属性】对话框，如图 4-19 所示。

图 4-19

在【声音属性】对话框中，主要属性作用如下。

▶【名称】文本框：显示当前选择的声音文件名称，可以在文本框中重新输入名称。

▶【压缩】下拉列表框：设置声音文件在 Animate CC 中的压缩方式，在该下拉列表框中可以选择【默认】、【ADPCM】、【MP3】、【Raw】和【语音】5 种压缩方式。

▶【更新】按钮：单击该按钮，可以更新设置声音文件的属性。

▶【导入】按钮：单击该按钮，可以导入新的声音文件替换原有的声音文件，但在【名称】文本框中显示的仍是原有声音文件的名称。

▶【测试】按钮：单击该按钮，可以按照当前设置的声音属性测试声音文件。

▶【停止】按钮：单击该按钮，可以停止正在播放的声音。

4.2.3　发布设置声音

发布设置 Animate 文档声音标准的几种方法如下。

▶ 打开【编辑封套】对话框，设置开始时间切入点和停止时间切出点（拖动手柄），以避免静音区域保存在 Animate 文档中，这可以减小声音文件的大小。

▶ 在不同关键帧上应用同一声音文件的不同声音效果，如左右声道、淡入、淡出等。这样比只使用一个声音文件得到更多的声音效果，同时达到减小文件大小的目的，如图 4-20 所示。

图 4-20

▶ 用短声音作为背景音乐循环播放。

▶ 从嵌入的视频剪辑中导出音频时，该音频是通过【发布设置】对话框中选择的全局流设置导出的。

▶ 在编辑器中预览动画时，使用流同步可以使动画和音轨保持同步。不过，如果计算机运算速度不够快，绘制动画帧的速度跟不上音轨，那么 Animate CC 就会跳过某些帧。

在制作动画过程中，如果没有对声音属性进行设置，也可以在发布声音时设置。选择【文件】|【发布设置】命令，打开【发布设置】对话框，勾选【Flash】复选框。单击右边的【音频流】或【音频事件】链接，如图 4-21 所示。

图 4-21

打开【声音设置】对话框，该对话框中各属性的设置方法与【声音属性】对话框相似，如图 4-22 所示。

图 4-22

【例 4-2】打开一个文档，设置其中的声音属性。

例 4-2 设置声音属性

step 1 启动 Animate CC，打开一个素材文档，如图 4-23 所示。

图 4-23

step 2 选择【声音】图层的帧，打开其【属性】面板，单击【编辑声音封套】按钮 ，如图 4-24 所示。

图 4-24

step 3 打开【编辑封套】对话框，在【效果】下拉列表框中选择【从左到右淡出】选项。然后拖动滑块，设置【停止时间】为 1.5 秒，单击【确定】

按钮，如图 4-25 所示。

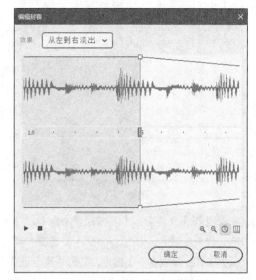

图 4-25

step 4 打开【库】面板，选择声音文件并右击，在弹出快捷菜单中选择【属性】命令，如图 4-26 所示。

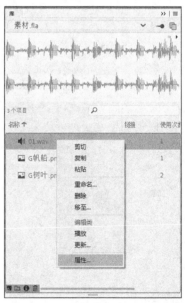

图 4-26

step 5 打开【声音属性】对话框，在【压缩】下拉列表框中选择【MP3】选项，在【预处理】选项后面勾选【将立体声转换为单声道】复选框，【比特率】选择 64kbps，【品质】选择【快速】，然后单击【确定】按钮，如图 4-27 所示。

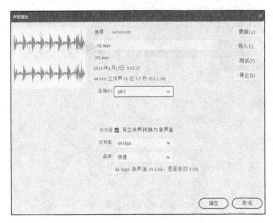

图 4-27

step 6 选择【文件】|【发布设置】命令，打开
【发布设置】对话框，勾选【Flash】复选框。单击
【音频流】和【音频事件】链接，打开【声音设置】
对话框，将【比特率】设置为 64kbps，然后单击
【确定】按钮，如图 4-28 所示。

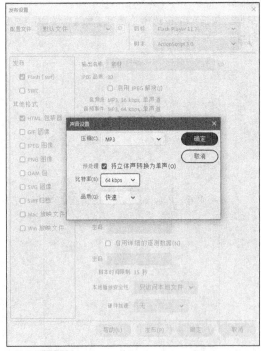

图 4-28

4.3 导入视频

FLV 和 F4V（H.264）等视频格式允许用户将
视频和数据、图形、声音和交互式控件融合在一起，

用户可以轻松地将视频以几乎任何人都可以查看的
格式放到网页上。

4.3.1 导入视频格式

视频导入向导（选择【文件】|【导入】|【导入
视频】命令）会检查用户选择导入的视频文件，如
果视频不是 Animate CC 可以播放的格式，系统便
会提醒用户。如果视频不是 FLV 或 F4V 格式，则可
以使用 Adobe Media Encoder 以适当的方式对视
频进行编码。

FLV 格式全称为 Flash Video，它的出现有效地
解决了视频文件导入 Animate CC 后文件过大的问
题，它已经成为现今主流的视频格式之一。

FLV 视频格式主要有以下几个特点。

➤ FLV 视频文件体积小巧，占用的 CPU 资源
较少。一般情况下，1 分钟清晰的 FLV 视频的大小
在 1MB 左右，一部电影通常在 100MB 左右，仅为
普通视频文件大小的 1/3。

➤ FLV 是一种流媒体格式文件，可以边下载边
播放，尤其对于网络连接速度较快的用户而言，在
线观看几乎不需要等待时间。

➤ FLV 视频文件利用了网页上广泛使用的 Flash
Player 平台，这意味着网站的访问者只要能看 Flash
动画，自然也就可以看 FLV 格式视频，用户无须通
过本地的播放器播放视频。

➤ FLV 视频文件可以很方便地导入 Animate CC
中进行再编辑，包括进行品质设置、裁剪视频大小、音
频编码设置等操作，从而使其更符合用户的需要。

4.3.2 导入视频操作

用户可以通过不同的方法在 Animate CC 中使
用视频。

➤ 从 Web 服务器渐进式下载：此方法可以让
视频文件独立于 Animate 文档和生成的 SWF 文件，
这使 SWF 文件大小保持了较小的体积。

➤ 使用 Adobe Media Server 流式加载视频：
此方法也可以让视频文件独立于 Animate 文档，除了
流畅的流播放体验之外，Adobe Media Streaming
Server 还会为视频内容提供安全保护。

➤ 在 Animate 文档中嵌入视频数据：此方法生成
的 Animate 文档非常大，因此建议只用于小视频剪辑。

对播放时间少于 10 秒的视频进行剪辑，嵌入

视频的效果最好。如果正在使用播放时间较长的视频剪辑，可以考虑使用渐进式下载的视频，或者使用 Adobe Media Server 传送视频流。

【**例 4-3**】制作一个视频播放器。

step 1 启动 Animate CC，新建一个文档。选择【文件】|【导入】|【导入到舞台】命令，打开【导入】对话框，选择所需导入的图像，单击【打开】按钮，如图 4-29 所示。

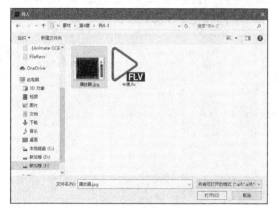

图 4-29

step 2 使用【任意变形工具】调整图片大小，使舞台和图片匹配内容，如图 4-30 所示。

图 4-30

step 3 选择【文件】|【导入】|【导入视频】命令，打开【导入视频】对话框，在【选择视频】界面选择【在 SWF 中嵌入 FLV 并在时间轴中播放】单选项，单击【浏览】按钮，如图 4-31 所示。

step 4 打开【打开】对话框，选择视频文件，单击【打开】按钮，如图 4-32 所示。

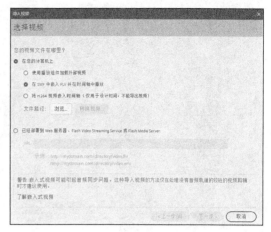

图 4-31

图 4-32

step 5 返回【选择视频】界面，单击【下一步】按钮，如图 4-33 所示。

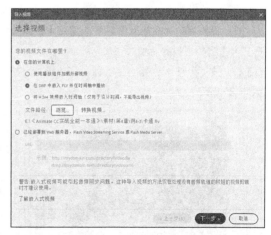

图 4-33

step 6 打开【导入视频】对话框的【嵌入】界面，保持默认设置，单击【下一步】按钮，如图 4-34 所示。

图 4-34

step⑦ 打开【导入视频】对话框的【完成视频导入】界面，单击【完成】按钮，即可将视频文件导入舞台，如图 4-35 所示。

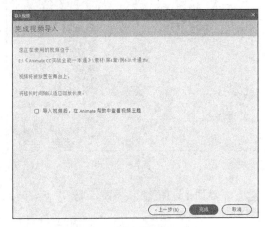

图 4-35

step⑧ 将舞台中视频嵌入播放器，使用【任意变形工具】调整视频的大小。

step⑨ 按 Ctrl+Enter 组合键，即可播放影片，如图 4-36 所示。

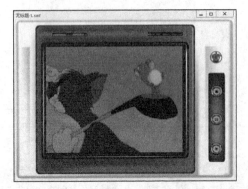

图 4-36

4.4 应用元件和实例

元件是指存放在库中可被重复使用的图形、按钮或者动画，实例则是元件在舞台中的具体表现。在 Animate CC 中，元件是构成动画的基础。

4.4.1 元件的类型

打开 Animate CC，选择【插入】|【新建元件】命令。打开【创建新元件】对话框，展开【高级】属性组，可以显示更多高级设置，如图 4-37 所示。

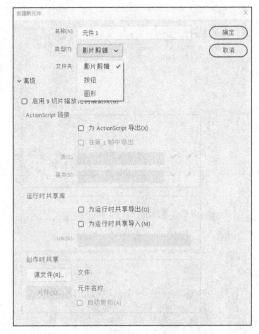

图 4-37

在【类型】下拉列表框中可以选择创建的元件类型，其中包括【影片剪辑】【按钮】和【图形】3 个选项。

这 3 个选项的具体作用如下。

▶【影片剪辑】元件：【影片剪辑】元件是 Animate 影片中一个相当重要的角色，它可以是一段动画，大部分 Animate 影片其实都是由多个独立的【影片剪辑】元件实例组成的。【影片剪辑】元件拥有绝对独立的多帧时间轴，可以不受场景和主时间轴的影响。【影片剪辑】元件的图标为 。

▶【按钮】元件：使用【按钮】元件可以在影片中创建响应鼠标单击、滑过或其他动作的交互式按钮，它包括了【弹起】、【指针经过】、【按下】和【点击】4 种状态；在每种状态上都可以创建不同内容，并定义与各种按钮状态相关联的图形，然后指定按钮实例的动作；【按钮】元件的另一个特点是每个显示状态均可以通过声音或图形来显示，从而构成一个简单的交互性动画；【按钮】元件的图标为 🖑 。

▶ 【图形】元件：对于静态图像可以使用【图形】元件，并能创建几个链接到主影片时间轴上的可重用动画片段；【图形】元件与影片的时间轴同步运行，交互式控件和声音不会在【图形】元件的动画序列中起作用；【图形】元件的图标为 🖼 。

4.4.2 创建元件

1. 创建【图形】元件

要创建【图形】元件，可以选择【插入】|【新建元件】命令，打开【创建新元件】对话框，在【类型】下拉列表中选择【图形】选项，单击【确定】按钮，如图 4-38 所示。

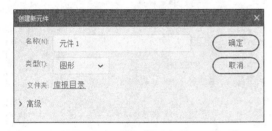

图 4-38

打开元件编辑模式，在该模式下进行元件制作，可以将位图或者矢量图导入舞台中转换为【图形】元件。也可以使用【工具】面板中的各种绘图工具绘制图形，再将其转换为【图形】元件，如图 4-39 所示。

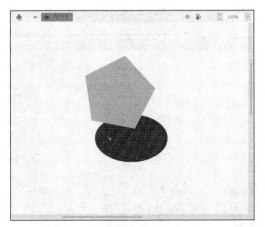

图 4-39

单击【后退】按钮 ← 可以返回到上一层场景模式，单击【编辑元件】按钮 🖑 可以选择元件进行编辑，如图 4-40 所示。

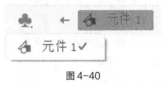

图 4-40

创建的【图形】元件会自动保存在【库】面板中。选择【窗口】|【库】命令，打开【库】面板，该面板中显示了已经创建的【图形】元件，如图 4-41 所示。

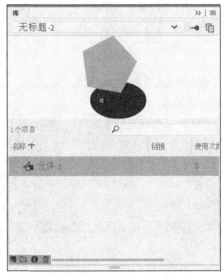

图 4-41

2. 创建【影片剪辑】元件

【影片剪辑】元件除了图形对象以外，还可以是一个动画。它拥有独立的时间轴，并且可以在该元件中创建按钮、图形甚至其他影片剪辑元件。

在制作一些较为大型的 Animate 动画时，不仅舞台中的元素需要重复使用，很多动画效果也需要重复使用。由于【影片剪辑】元件拥有独立的时间轴，可以不依赖主时间轴而播放运行，因此可以将主时间轴中的内容转化到【影片剪辑】元件中，以方便反复调用。

选择【插入】|【新建元件】命令，打开【创建新元件】对话框，选择类型为【影片剪辑】的元件，然后单击【确定】按钮即可创建【影片剪辑】元件。

3. 创建【按钮】元件

【按钮】元件是一个 4 帧的交互影片剪辑。选择【插入】|【新建元件】命令，打开【创建新元件】对话框，在【类型】下拉列表中选择【按钮】选项，单击【确定】按钮即可创建。

在【按钮】元件编辑模式中的【时间轴】面板里显示了【弹起】、【指针经过】、【按下】和【点击】4 个帧，如图 4-42 所示。

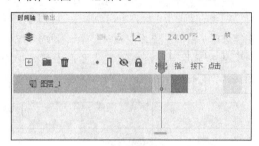

图 4-42

【例 4-4】制作蛙叫按钮动画。视频

step ① 启动 Animate CC，新建一个空白文档。选择【文件】|【导入】|【导入到舞台】命令，打开【导入】对话框，选择背景图片文件，单击【打开】按钮，如图 4-43 所示。

例 4-4 制作蛙叫
按钮动画

图 4-43

step ② 右击舞台空白处，在弹出的菜单中选择【文档】命令，打开【文档设置】对话框，单击【匹配内容】按钮，然后单击【确定】按钮，即可使舞台和背景一致，如图 4-44 所示。

step ③ 选择【文件】|【导入】|【导入到库】命令，打开【导入到库】对话框，将【蛙】和【蛙叫】两个文件导入【库】面板内，如图 4-45 所示。

图 4-44

图 4-45

step ④ 新建一个图层，然后选择【插入】|【新建元件】命令，打开【创建新元件】对话框，设置类型为【按钮】，单击【确定】按钮，如图 4-46 所示。

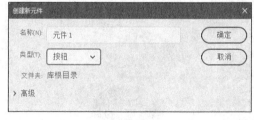

图 4-46

step ⑤ 打开【库】面板，在【时间轴】面板中的【弹起】帧上拖入【蛙】图片文件至舞台，如图 4-47 所示。

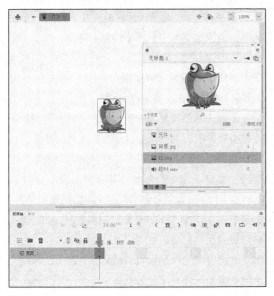

图 4-47

step⑥ 右击【时间轴】面板中的【指针经过】帧，在弹出的菜单中选择【插入关键帧】命令，然后在该帧上使用【任意变形工具】将蛙的图形变大，如图 4-48 所示。

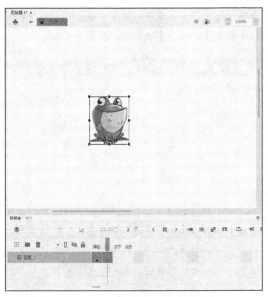

图 4-48

step⑦ 在【时间轴】面板中的【按下】帧上插入关键帧，右击【弹起】帧，在弹出菜单中选择【复制帧】命令。右击【按下】帧，在弹出的菜单中选择【粘贴帧】命令，使两帧内容一致，如图 4-49 所示。

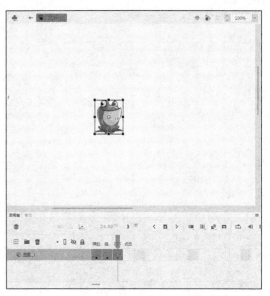

图 4-49

step⑧ 打开【库】面板，将库中声音元件拖到【按下】帧的舞台中，如图 4-50 所示。

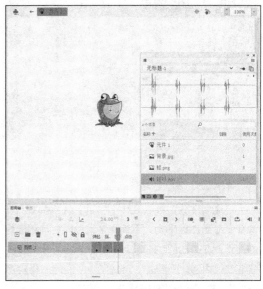

图 4-50

step⑨ 右击【时间轴】面板中的【点击】帧，在弹出的快捷菜单中选择【插入空白关键帧】命令。然后在【工具】面板中选择【矩形工具】绘制一个任意填充色的长方形，其大小和前面一帧的蛙图形大小接近即可，如图 4-51 所示。

step⑩ 保存文档，按 Ctrl+Enter 组合键预览影片。测试点击青蛙时的不同状态，并且按下时会发出蛙叫声，如图 4-52 所示。

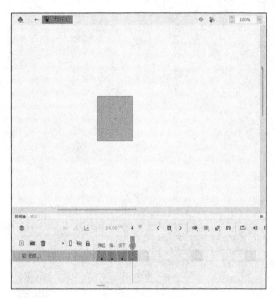

图 4-51

图 4-52

4.4.3　编辑元件

创建元件后，可以选择【编辑】|【编辑元件】命令，在元件编辑模式下编辑该元件。右击创建好的元件，在弹出的快捷菜单中可以选择更多编辑方式和编辑内容。

1. 在元件编辑模式下编辑元件

要选择在元件编辑模式下编辑元件，可以通过多种方式来实现。

▶ 双击【库】面板中的元件图标。

▶ 在【库】面板中选择该元件，单击【库】面板右上角的▤按钮，在打开的菜单中选择【编辑】命令。

▶ 在【库】面板中右击该元件，从弹出的快捷菜单中选择【编辑】命令。

▶ 在舞台上选择该元件的一个实例，右击后从弹出的快捷菜单中选择【编辑】命令。

▶ 在舞台上选择该元件的一个实例，然后选择【编辑】|【编辑元件】命令。

2. 复制和直接复制元件

复制元件是指复制一个相同的元件，当用户修改一个元件时，另一个元件也会产生相同的改变。

选择库中的元件并右击，在弹出的快捷菜单中选择【复制】命令。然后在舞台中选择【编辑】|【粘贴到中心位置】命令（或者【粘贴到当前位置】命令），即可将复制的元件粘贴到舞台中。此时修改粘贴后的元件，则原有的元件也会随之改变。

直接复制元件是指以当前元件为基础，创建一个独立的新元件，不论修改其中哪个元件，另一个元件都不会发生改变。通过直接复制元件，可以使用现有的元件作为创建新元件的起点，来创建具有不同外观的各种版本的元件。

打开【库】面板，选择要直接复制的元件，右击该元件，在弹出的快捷菜单中选择【直接复制】命令，或者单击【库】面板右上角的▤按钮，在弹出的【库】面板菜单中选择【直接复制】命令，打开【直接复制元件】对话框，如图 4-53 所示。

图 4-53

在【直接复制元件】对话框中，可以更改直接复制元件的【名称】、【类型】等属性。而且更改以后，原有的元件并不会发生变化，所以在 Animate 应用中，使用直接复制元件的操作更为普遍。

3. 转换元件

如果舞台中的元素需要反复使用，可以将它直接转换为元件，并保存在【库】面板中，以方便以后调用。

选择舞台中的元素，选择【修改】|【转换为元件】命令，打开【转换为元件】对话框，选择元件类型，然后单击【确定】按钮将之转换为元件，如图 4-54 所示。

图 4-54

在【转换为元件】对话框中，展开【高级】属性组，可以设置更多元件属性选项，例如元件链接标识符、共享 URL 地址等。

4.4.4　创建实例

实例是元件在舞台中的具体表现，创建实例的过程就是将元件从【库】面板中拖到舞台中。对创建的实例可以进行修改，从而得到依托于该元件的其他效果。

选择【窗口】|【库】命令，打开【库】面板，将【库】面板中的元件拖动到舞台中即可创建实例。

实例只可以放在关键帧中，并且实例总是显示在当前图层上。如果没有选择关键帧，则实例将被添加到当前帧左侧的第 1 个关键帧上面。

创建实例后，系统都会指定一个默认的实例名称。用户如果要为【影片剪辑】元件实例指定实例名称，可以打开【属性】面板，在【实例名称】文本框中输入该实例的名称即可，如图 4-55 所示。

图 4-55

4.4.5　设置实例

在创建了元件的不同实例后，用户可以对元件实例进行设置。

1．交换实例

用户可以对元件实例进行交换，使选择的元件实例变为另一个元件的实例。

例如，选择舞台中的一个【影片剪辑】实例，选择【修改】|【元件】|【交换元件】命令，打开【交换元件】对话框，其中显示了当前文档创建的所有元件。用户可以选择要交换的元件，然后单击【确定】按钮，即可为实例指定另一个元件。并且舞台中的元件实例将自动被替换，如图 4-56 所示。

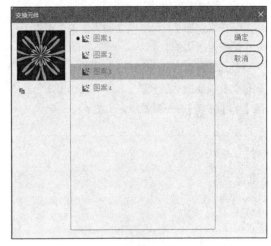

图 4-56

单击【交换元件】对话框中的【直接复制元件】按钮，可以打开【直接复制元件】对话框。使用直接复制元件功能，会以当前选择的元件为基础创建一个全新的元件。

2．转换实例类型

要改变实例类型，可先选择某个实例，打开其【属性】面板，再单击【实例类型】下拉按钮，并在弹出的下拉列表中选择需要的实例类型，如图 4-57 所示。

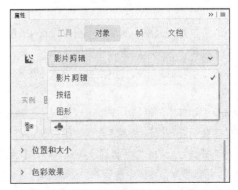

图 4-57

3. 分离实例

要断开实例与元件之间的链接，并把实例放入未组合图形和线条的集合中，用户可以在选择舞台实例后，选择【修改】|【分离】命令，将实例分离成图形元素。

例如选择原本是实例的【影片剪辑】元件，然后选择【修改】|【分离】命令，此时元件变成形状元素。这样就可以使用各种编辑工具，根据需要修改并且不会影响到其他应用的元件实例。

4. 设置实例信息

用户可以在不同元件类型的实例的【属性】面板中进行设置实例信息。

例如选择舞台上的【图形】实例，打开【属性】面板，在该面板中显示了【位置和大小】、【色彩效果】和【循环】3 个属性组，如图 4-58 所示。

图 4-58

> 【位置和大小】属性组：可以设置【图形】实例 x 轴和 y 轴坐标位置以及实例大小。

> 【色彩效果】属性组：可以设置【图形】实例的透明度、亮度以及色调等色彩效果。

> 【循环】属性组：不仅可以设置【图形】实例的循环，还可以设置循环方式和循环起始帧。

选择舞台上的【影片剪辑】实例，打开【属性】面板，可以看到该面板中显示了【位置和大小】、【3D定位和查看】、【色彩效果】、【显示】和【滤镜】5

个属性组。

选择舞台上的【按钮】实例，打开【属性】面板，可以看到该面板中显示了【位置和大小】、【色彩效果】、【显示】、【字距调整】、【辅助功能】和【滤镜】6 个属性组。

4.5 使用库

创建的元件和导入的文件都存储在【库】面板中。而【库】面板中的资源可以在多个文档中使用。

4.5.1 【库】面板和项目

【库】面板是集成库项目内容的工具面板，【库】项目是库中的相关内容。

1.【库】面板

选择【窗口】|【库】命令，打开【库】面板，面板中会显示库中所有项目的名称。用户可以在面板中查看并组织这些文档中的元素，如图 4-59 所示。

图 4-59

2. 库项目

在【库】面板中的元素即为库项目，【库】面板中项目名称旁边的图标表示该项目的文件类型。用户可以打开任意文档的库，并能够将该文档的库项目用于当前文档。

有关库项目的一些处理方法如下。

> 在当前文档中使用库项目时，可以将库项

目从【库】面板中拖动到舞台中。该项目会在舞台中自动生成一个实例，并添加到当前图层中。

> 要在另一个文档中使用当前文档的库项目，将项目从【库】面板或舞台中拖入另一个文档的【库】面板或舞台中即可。

> 要将对象转换为库中的元件，可以选择对象后打开【转换为元件】对话框，转换元件到库中。

> 要在文件夹之间移动项目，可以将项目从一个文件夹拖动到另一个文件夹中。如果新位置中存在同名项目，那么系统会打开【解决库冲突】对话框，并提示是否要替换正在移动的项目。

4.5.2　操作库

在【库】面板中，用户可以使用【库】面板菜单中的命令对库项目进行编辑、排序、重命名、删除以及查看未使用的库项目等管理操作。

1. 编辑对象

要编辑元件，可以在【库】面板菜单中选择【编辑】命令，如图 4-60 所示。进入元件编辑模式，然后进行元件编辑。

图 4-60

2. 操作文件夹

在【库】面板中，可以使用文件夹来组织库项目。当用户创建一个新元件时，它会存储在选择的文件夹中。如果没有选择文件夹，该元件就会存储在库的根目录下。

> 要创建新文件夹，可以在【库】面板底部单击【新建文件夹】按钮 ，如图 4-61 所示。

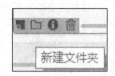

图 4-61

> 要打开或关闭文件夹，可以单击文件夹名前面的 按钮，或选择文件夹后，在【库】面板菜单中选择【展开文件夹】或【折叠文件夹】命令。

3. 重命名库项目

要重命名库项目，可以执行如下操作。

> 双击该项目的名称，在【名称】文本框中输入新名称，如图 4-62 所示。

图 4-62

> 选择项目，并单击【库】面板下方的【属性】按钮 ，打开【元件属性】对话框，在【名称】文本框中输入新名称，然后单击【确定】按钮，如图 4-63 所示。

图 4-63

> 选择库项目，在【库】面板中单击 按钮，并在弹出的面板菜单中选择【重命名】命令，然后在【名称】文本框中输入新名称。

> 右击库项目，在弹出的快捷菜单中选择【重命名】命令，并在【名称】文本框中输入新名称。

4. 删除库项目

默认情况下，当从库中删除项目时，文档中该项目的所有实例也会被同时删除。

要删除库项目，可以执行如下操作。

➤ 选择所需操作的项目，然后单击【库】面板下部的【删除】按钮 🗑。

➤ 选择库项目，在【库】面板中单击 ☰ 按钮，在弹出的面板菜单中选择【删除】命令来删除库项目。

4.6 课堂互动

本章的课堂互动部分是将动画转换为元件等几个实例操作，用户通过练习从而巩固本章所学知识，更好地理解 Animate CC 的文档基础知识。

4.6.1 将动画转换为元件

【例 4-5】将动画转换为【影片剪辑】元件。

🔘 视频

step ① 启动 Animate CC，新建一个文档。然后打开一个已经完成动画制作的文档【鞭炮动画】。选择顶层图层的第 1 帧，按住 Shift 键，再选择底层

例 4-5 将动画转换为元件

图层的最后一帧，即可选择时间轴上所有要转换的帧，如图 4-64 所示。

图 4-64

step ② 右击所选帧中的任何一帧，从弹出的快捷菜单中选择【复制帧】命令，将所有图层里的帧都进行复制。

step ③ 返回新建文档，选择【插入】|【新建元件】命令，打开【创建新元件】对话框。设置一个【名称】为"动画"、【类型】为"影片剪辑"的元件，然后单击【确定】按钮，如图 4-65 所示。

图 4-65

step ④ 进入元件编辑模式后，右击元件编辑模式中的第 1 帧，在弹出的快捷菜单中选择【粘贴帧】命令，此时将把从主时间轴复制的帧粘贴到该影片剪辑的时间轴中，如图 4-66 所示。

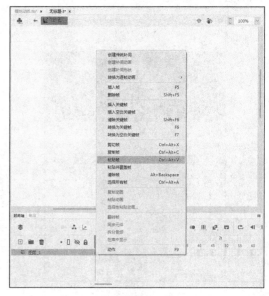

图 4-66

step ⑤ 单击【后退】按钮返回【场景 1】。在【库】面板中会显示该【动画】元件，将该元件拖入到【场景 1】的舞台中，如图 4-67 所示。

step ⑥ 将新建文档以"动画转换为元件"为名加以保存，然后按 Ctrl+Enter 组合键，测试影片效果，如图 4-68 所示。

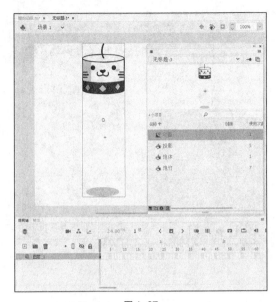

图 4-67

图 4-68

4.6.2 导入外部库元件

【例 4-6】导入外部库的声音元件。视频

step ① 启动 Animate CC, 新建一个文档。选择【文件】|【导入】|【导入到库】命令, 打开【导入到库】对话框。将【猫】图片导入到【库】面板内, 如图 4-69 所示。

step ② 将【库】面板中的【猫】图片拖入舞台中, 使用【任意变形工具】调整大小后将舞台匹配图片, 如图 4-70 所示。

step ③ 选择【文件】|【导入】|【打开外部库】命

令, 打开对话框。选择【猫叫声】文件, 单击【打开】按钮, 如图 4-71 所示。

图 4-69

图 4-70

图 4-71

step ④ 打开外部库【库-猫叫声】面板, 将库中声音元件拖至舞台中, 如图 4-72 所示。

step ⑤ 打开【属性】面板, 在【帧】|【声音】属

性组中选择【循环】选项，如图 4-73 所示。

图 4-72

图 4-73

step⑥ 以"导入外部库"为名保存文档，按
Ctrl+Enter 组合键预览影片，影片循环发出猫叫声，
如图 4-74 所示。

图 4-74

4.7 拓展案例——创建文字按钮动画

【案例制作要点】：导入
图片后，再输入文本、并转
换为【按钮】元件；设置【按
钮】元件每帧的文字效果，并
测试文字按钮的不同状态，效
果如图 4-75 所示。

创建文字按钮
动画

图 4-75

5 Chapter

第 5 章
制作基础动画

通过时间轴可以组织和控制动画内容在一定时间
内播放的图层数与帧数。创建 Animate 动画，实际上
就是创建连续帧上的内容。本章主要介绍利用时间轴
和帧制作一些基础动画的操作。

5.1 帧的操作

Animate 动画是由不同的帧组合而成的。时间轴是摆放和控制帧的地方，帧在时间轴上的排列顺序将决定动画的播放顺序。

5.1.1 帧的显示状态

在 Animate CC 中用来控制动画播放的帧具有不同的类型，主要分为帧（普通帧）、关键帧和空白关键帧 3 种类型帧。

帧在时间轴上具有多种表现形式，根据创建动画的不同，帧会呈现出不同的状态甚至是不同的颜色。

➤ ▮▮▮▮▮▮▮▮▮：当起始关键帧和结束关键帧用一个黑色圆点表示，中间补间帧为紫色背景并被一个箭头贯穿时，表示该动画是设置成功的传统补间动画。

➤ ▮.........▮：当传统补间动画被一条虚线贯穿时，表示该动画是设置不成功的传统补间动画。

➤ ▮▮▮▮▮▮▮▮▮：当起始关键帧和结束关键帧用一个黑色圆点表示，中间补间帧为棕色背景并被一个箭头贯穿时，表示该动画是设置成功的补间形状动画。

➤ ▮.........▮：当补间形状动画被一条虚线贯穿时，表示该动画是设置不成功的补间形状动画。

➤ ▮▮▮▮▮▮▮▮▮：当起始关键帧用一个黑色圆点表示，中间补间帧为黄色背景时，表示该动画为补间动画。

➤ ▮▮▮▮▮▮：如果在单个关键帧后面包含浅灰色的帧，则表示这些帧有与第一个关键帧相同的内容。

➤ ▮ᵃ▮▮▮▮：当关键帧上有一个小"a"标记时，表明该关键帧中有帧动作。

5.1.2 【绘图纸外观】标记

为了便于定位和编辑动画，用户可以使用【绘图纸外观】标记，一次查看在舞台上两个或更多帧的内容。

单击【时间轴】面板中的【绘图纸外观】按钮▮，在【时间轴】面板播放头两侧会出现【绘图纸外观】标记，如图 5-1 所示。在这两个标记之间所

有帧的对象都会显示出来，但这些内容不可以被编辑。

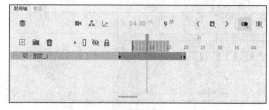

图 5-1

使用【绘图纸外观】标记可以设置图像的显示方式和显示范围，并且可以编辑【绘图纸外观】标记内的所有帧。相关操作如下。

➤ 移动【绘图纸外观】标记位置：选择【开始绘图纸外观】标记，然后将其向动画起始帧位置移动；选择【结束绘图纸外观】标记，然后将其向动画结束帧位置移动。（一般情况下，选择整个【绘图纸外观】标记移动，它将会和当前帧指针一起移动。）

➤ 编辑标记内所有帧：【绘图纸外观】标记只允许编辑当前帧，单击【编辑多个帧】按钮▮，可以显示【绘图纸外观】标记内每个帧的内容。

单击【修改绘图纸标记】按钮▮的下拉按钮，在弹出的下拉列表中可以选择【选定范围】、【所有帧】、【锚点标记】和【高级设置】4 个选项，如图 5-2 所示。

图 5-2

➤【选定范围】选项：表示自由选择【绘图纸外观】选定的帧。

➤【所有帧】选项：可显示当前帧左右两侧的所有帧内容。

➤【锚点标记】选项：可将【绘图纸外观】标记锁定在时间轴当前位置。

➤【高级设置】选项：可打开【绘图纸外观设置】对话框，在其中可自定义【绘图纸外观】工具范围、颜色等设置，如图 5-3 所示。

图 5-3

5.1.3　帧的基础操作

在制作动画时，用户可以根据需要对帧进行一些基本操作，例如插入、选择、删除、清除、复制、移动等。

1. 插入帧

用户可以通过以下几种方法在时间轴上插入帧。

▶ 在时间轴上选择要创建关键帧的帧位置，按 F5 键，可以插入帧；按 F6 键，可以插入关键帧；按 F7 键，可以插入空白关键帧。

▶ 在时间轴上选择要创建关键帧的帧位置，选择【插入】|【时间轴】命令，在弹出的子菜单中选择相应命令，可插入帧、关键帧和空白关键帧。

▶ 右击时间轴上要创建关键帧的帧位置，在弹出的快捷菜单中选择【插入帧】、【插入关键帧】或【插入空白关键帧】命令，可以插入帧、关键帧或空白关键帧，如图 5-4 所示。

图 5-4

2. 选择帧

要对帧进行选择操作，首先必须选择【窗口】|【时间轴】命令，打开【时间轴】面板。

选择帧可以通过以下几种方法实现。

▶ 选择单个帧：把鼠标指针移到需要的帧上单击即可。

▶ 选择多个不连续的帧：按住 Ctrl 键，然后单击需要选择的帧。

▶ 选择多个连续的帧：按住 Shift 键，然后单击需要范围的开始帧和结束帧。

▶ 选择所有的帧：右击任意一帧，并从弹出的快捷菜单中选择【选择所有帧】命令，或者选择【编辑】|【时间轴】|【选择所有帧】命令，以选择所有的帧。

3. 删除帧

删除帧操作不仅可以删除帧中的内容，还可以将选择的帧删除，将该位置还原为初始状态。

要进行删除帧的操作，可以参考选择帧的几种方法。先将要删除的帧选中，然后在选择的帧中的任意一帧上右击，从弹出的快捷菜单中选择【删除帧】命令，或者在选择帧以后选择【编辑】|【时间轴】|【删除帧】命令。

4. 清除帧

清除帧与删除帧的区别在于清除帧仅把被选中的帧上的内容清除，并将这些帧自动转换为空白关键帧状态。

要进行清除帧的操作，也可以参考选择帧的几种方法。先选择要清除的帧，然后在被选中的帧的任意一帧上右击，并在弹出的快捷菜单中选择【清除帧】命令，或者在选择帧以后选择【编辑】|【时间轴】|【清除帧】命令。

5. 复制帧

要进行复制和粘贴帧的操作，依然可以参考选择帧的几种方法。先将要复制的帧选中，然后在被选中的帧的任意一帧上右击，并从弹出的快捷菜单中选择【复制帧】命令，或者在选择帧以后选择【编辑】|【时间轴】|【复制帧】命令。接着在需要粘贴的帧上右击，并从弹出的快捷菜单中选择【粘贴帧】命令，或者在选择帧以后选择【编辑】|【时间轴】|【粘贴帧】命令。

6. 移动帧

帧的移动操作主要有下面两种。

▶ 将鼠标指针放置在所选帧上面，待出现时，拖动选择的帧，将其移动到目标帧位置后释放鼠标，如图 5-5 所示。

图 5-5

▶ 选择需要移动的帧并右击，从弹出的快捷菜单中选择【剪切帧】命令，然后在帧移动的目的地右击，从弹出的快捷菜单中选择【粘贴帧】命令。

7. 翻转帧

翻转帧功能可以使选定的一组帧按照顺序翻转过来，使原来的最后一帧变为第 1 帧，原来的第 1 帧变为最后一帧。

要进行翻转帧操作，首先要在时间轴上将所有需要翻转的帧选中，然后右击被选中的帧，从弹出菜单中选择【翻转帧】命令即可。选择【控制】|【测试影片】命令，会发现播放顺序与翻转前相反。

8. 更改帧序列

帧序列就是指一列帧的顺序，用户可以改变帧序列的长度。将鼠标指针放置在帧序列的开始帧或结束帧处，按住 Ctrl 键不放使鼠标指针变为左右箭头，再将鼠标指针向左或向右拖动可更改帧序列长度，如图 5-6 所示。

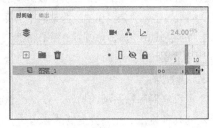

图 5-6

9. 更改帧频

选择【修改】|【文档】命令，打开【文档设置】对话框。在该对话框中的【帧频】文本框中输入合适的值即可更改帧频。

5.2 制作逐帧动画

逐帧动画是最简单、基础的一种 Animate 动画形式。在逐帧动画中，用户需要为每一帧创建图像。

逐帧动画适合表现很细腻的动画效果，不过其制作要花费较多时间。

逐帧动画也称为"帧帧动画"，它是最常见的动画形式之一，适合表现图像在每一帧中都在变化而非在舞台上移动的复杂动画。

逐帧动画的原理是在连续的关键帧中分解动画动作，也就是要创建每一帧的内容才能连续播放而形成动画。要创建逐帧动画，就要将每一个帧都定义为关键帧，并给每一帧都创建不同的对象。

【例 5-1】制作逐帧动画。

▶视频

例 5-1 制作逐帧动画

step ① 启动 Animate CC，打开一个【草地】文档，如图 5-7 所示。

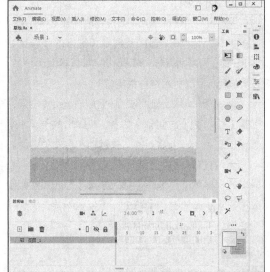

图 5-7

step ② 选择【插入】|【新建元件】命令，打开【创建新元件】对话框，创建名称为"跑步"的影片剪辑元件，单击【确定】按钮，如图 5-8 所示。

图 5-8

step ③ 进入元件编辑窗口，选择【文件】|【导入】|

【导入到舞台】命令，打开【导入】对话框。选择一组图片中的第 1 张图片文件，单击【打开】按钮，如图 5-9 所示。

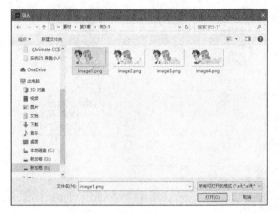

图 5-9

step 4　系统弹出提示对话框，单击【是】按钮，将该组图片都导入舞台，如图 5-10 所示。

图 5-10

step 5　图片全部导入后，单击【返回】按钮←，返回至场景 1，如图 5-11 所示。

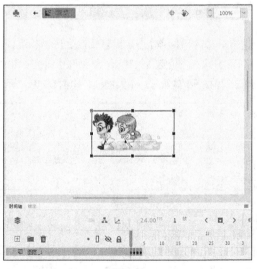

图 5-11

step 6　将"跑步"影片剪辑元件从【库】面板中拖入舞台，并调整它的图形大小和位置，如图 5-12 所示。

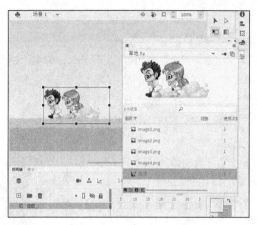

图 5-12

step 7　以"逐帧动画"为名另存文档，并按 Ctrl+Enter 组合键测试影片，显示跑动的动画效果，如图 5-13 所示。

图 5-13

5.3 制作补间形状动画

补间形状动画是一种在制作对象形状变化时经常会用到的动画形式，其制作原理是通过在两个具有不同形状的关键帧之间指定形状补间，以表现中间变化的过程。

5.3.1　创建补间形状动画

补间形状动画是通过在时间轴的某个帧中绘制一个对象，在另一个帧中修改该对象或重新绘制其他对象，然后由 Animate 计算出两帧之间的差距并插入过渡帧，从而创建出动画的效果。最简单的完整补间形状动画至少包括两个关键帧：一个起始帧和一个结束帧。在起始帧和结束帧上至少各有一个不同的形状，系统会根据两个形状之间的差别自动生成补间形状动画。

🔍 **知识点滴**

　　由于在不同的形状之间形成补间形状动画时，它的操作对象不可以是元件实例。因此对于【图形】元件和文字等，必须先将其分离，然后才能创建补间形状动画。

【例 5-2】创建补间形状动画。 📹视频

step① 启动 Animate CC，新建一个文档。选择【文件】|【导入】|【导入到舞台】命令，选择一张位图，导入舞台中，如图 5-14 所示。

例5-2创建补间
形状动画

图 5-14

step② 设置舞台颜色为草绿色，如图 5-15 所示。

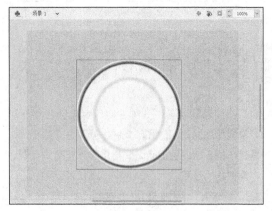

图 5-15

step③ 新建一个图层，选择【文件】|【导入】|【导入到舞台】命令，打开【导入】对话框。选择【茄子】文件，单击【打开】按钮，如图 5-16 所示。

step④ 将茄子图形放置在盘子中，然后按 Ctrl+B 组合键分离图形，如图 5-17 所示。

图 5-16

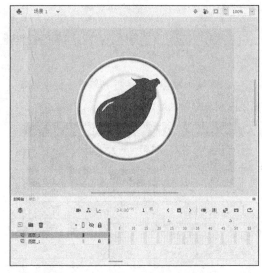

图 5-17

step⑤ 在【时间轴】中选择【图层_2】的第 35 帧，按 F7 键插入一个空白关键帧，然后在【图层_2】的第 35 帧按 F6 键插入一个关键帧，如图 5-18 所示。

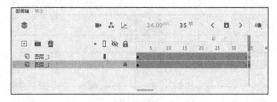

图 5-18

step⑥ 选择【图层_2】的第 35 帧，选择【文件】|【导入】|【导入到舞台】命令，打开【导入】对话框。选择【胡萝卜】文件，单击【打开】按钮，如图 5-19 所示。

step⑦ 将胡萝卜图形放置在盘子中，按 Ctrl+B 组合键分离图形，如图 5-20 所示。

图 5-19

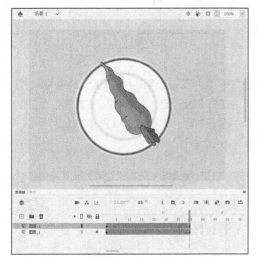

图 5-20

step 8 选择【图层_2】中第 1~35 帧中任意一帧，右击并在快捷菜单中选择【创建补间形状】命令，创建补间形状动画，如图 5-21 所示。

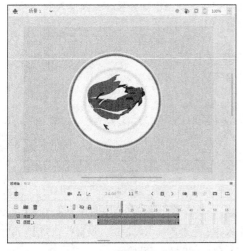

图 5-21

step 9 保存文档，按 Ctrl+Enter 组合键预览补间形状动画效果，如图 5-22 所示。

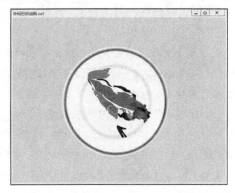

图 5-22

5.3.2 编辑补间形状动画

建立了一个补间形状动画后，用户也可以对其进行适当的编辑。

选择补间形状动画中的某一帧，打开其【属性】面板，如图 5-23 所示，主要属性作用如下。

图 5-23

▶【缓动】下拉列表框：选择不同的选项，设置的补间形状动画会随之发生相应的变化。当下面的数值为-1~-100 时，动画运动的速度从慢到快，并向运动结束的方向加速度补间；为 1~100 时，动画运动的速度从快到慢，并向运动结束的方向减速度补间。默认情况下，补间帧之间的变化速率不变。

▶【混合】下拉列表框：在其下拉列表中选择【角形】选项，创建的动画中间形状会保留明显的角和直线，适用于创建具有锐化转角和直线的混合形状；选择【分布式】选项，创建的动画中间形状会比较平滑和不规则。

在创建补间形状动画时，如果要控制较为复杂的形状变化，可以使用形状提示。选择形状补间动画起始帧，选择【修改】|【形状】|【添加形状提示】命令，即可添加形状提示。

形状提示会标识起始形状和结束形状中对应的点，以控制形状的变化，从而达到更加精确的动画效果。形状提示包含 26 个字母（从 a 到 z），用于识别起始形状和结束形状中对应的点。

起始关键帧的形状提示移动时为黄色，结束关键帧的形状提示移动时为绿色，而当形状提示不在一条曲线上时则为红色。只有包含形状提示的层和关键帧处于当前状态时，【显示形状提示】命令才处于可用状态。

5.4 制作传统补间动画

传统补间动画可以用于补间实例、组和类型的位置、大小、旋转和倾斜等操作，以及表现颜色、渐变颜色切换或淡入淡出等效果。

5.4.1 创建传统补间动画

传统补间动画又叫"中间帧动画""渐变动画"等。只要建立起起始和结束的画面，中间部分由软件自动生成动作补间效果。

【例 5-3】创建传统补间动画。🔲视频

step① 启动 Animate CC，新建一个文档。选择【文件】|【导入】|【导入到库】命令，打开【导入到库】对话框，选择两张图片，单击【打开】按钮，如图 5-24 所示。

例 5-3 创建传统
补间动画

图 5-24

step② 在【库】面板中选择【1】并将其拖入舞台中，打开其【属性】面板，设置【X】、【Y】值都为 0，然后将舞台背景匹配图片，如图 5-25 所示。

图 5-25

step③ 选择图片，选择【修改】|【转换为元件】命令，打开【转换为元件】对话框。将其命名为"图 1"，并设置为【图形】类型，单击【确定】按钮，如图 5-26 所示。

图 5-26

step④ 在【时间轴】面板的第 130 帧处按 F5 键插入帧，在第 50 帧处按 F6 键插入关键帧，如图 5-27 所示。

图 5-27

step⑤ 选择第 1 帧，并选中图片。展开其【属性】面板的【色彩效果】属性组，设置样式为【Alpha】且为 0%，如图 5-28 所示。

图 5-28

step 6 在第 1~50 帧之间右击，在弹出的快捷菜单中选择【创建传统补间】命令，创建传统补间动画，如图 5-29 所示。

图 5-29

step 7 在第 120 帧处插入关键帧，并将图片设置样式为【Alpha】且为 0%，然后在第 51~120 帧之间创建传统补间动画，如图 5-30 所示。

图 5-30

step 8 新建一个图层，在第 120 帧处插入关键帧。打开【库】面板，将【2】文件拖入舞台，其【X】、【Y】值设为 0，然后将其转换为【图 2】元件，如图 5-31 所示。

图 5-31

step 9 在第 50 帧处插入关键帧，将元件的【X】、【Y】值设置为-372 和-322，如图 5-32 所示。

图 5-32

step 10 选择第 50 帧，并选择元件，打开其【属性】面板，设置样式为【Alpha】且为 0%。在第 50~120 帧之间右击，在弹出的快捷菜单中选择【创建传统补间】命令，以创建传统补间动画，如图 5-33 所示。

step 11 将文档以"传统补间动画"为名另存，并按 Ctrl+Enter 组合键测试影片，效果如图 5-34 所示。

图 5-33

图 5-34

5.4.2 编辑传统补间动画

选择传统补间动画的任意一帧，打开其【属性】面板，用户可以对传统补间动画进一步加工编辑，如图 5-35 所示。

图 5-35

在该面板的【补间】属性组中各选项的具体作用如下。

▶【缓动】下拉列表框：可以设置补间动画的缓动速度。如果下面文本框中的值为正，则动画越来越慢；如果为负，则越来越快。如果单击下边的【编辑缓动】按钮 ，将会打开【自定义缓动】对话框，如图 5-36 所示。在该对话框中用户可以调整缓入和缓出的变化速率，以此调节缓动速度。

▶【旋转】下拉列表框：在下拉列表中可以选择对象在运动的同时产生旋转效果，在后面的文本框中可以设置旋转的次数。

▶【贴紧】复选框：勾选该复选框，可以将对象自动对齐到路径上。

▶【调整到路径】复选框：勾选该复选框，可以使动画元素沿路径改变方向。

▶【同步元件】复选框：勾选该复选框，可以对元件进行同步校准。

▶【缩放】复选框：勾选该复选框，可以将对象进行大小缩放。

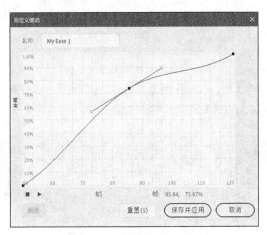

图 5-36

使用【自定义缓动】对话框可以为传统补间动画添加缓动方面的内容。该对话框中主要的控件属性如下。

▶【播放】和【停止】按钮：这些按钮不仅允许用户使用【自定义缓动】对话框中当前定义的所有速率曲线，还能预览舞台上的动画。

▶【重置】按钮：允许用户将速率曲线重置为默认的线性状态。

所选控制点的位置：在该对话框右下角的一个数值显示所选控制点的关键帧和位置。如果没有选择控制点，则不显示数值；若要在线上添加控制点，请单击对角线；若要实现对对象动画的精确控制，请拖动控制点的位置。可使用帧指示器（用方形手柄表示），单击要减缓或加速的对象的位置。再单击控制点的方形手柄，可选择该控制点，并显示其两侧的正切点（空心圆表示正切点）。用户可以拖动控制点或其正切点，或者使用键盘的箭头键放置这些点。

5.5 制作补间动画

补间动画是 Animate CC 中的一种动画类型，它允许用户通过鼠标拖动舞台上的对象来创建动画。

5.5.1　创建补间动画

补间动画是通过一个帧中的对象属性指定一个值，然后为另一个帧中相同属性对象指定另一个值而创建的动画。由 Animate 自动计算这两个帧之间该属性的值。

创建补间动画，首先要创建元件，然后将元件放到起始关键帧中。然后右击第 1 帧，在弹出的快捷菜单中选择【创建补间动画】命令。此时，Animate 将创建 24 帧的补间范围，其中黄色帧序列即为创建的补间范围，然后在补间范围内创建补间动画，如图 5-37 所示。

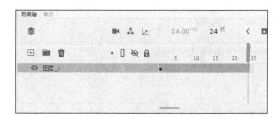

图 5-37

补间动画和传统补间动画之间有所差异。Animate 支持两种不同类型的补间用于创建动画。补间动画功能强大，易于创建。通过补间动画可对补间的动画进行最大程度的控制。传统补间（包括在早期版本的 Animate 中创建的所有补间）的创建过程更为复杂。尽管补间动画提供了更多对补间的控制，但传统补间提供了某些用户需要的特定功能。它们的差异主要包括以下几点。

▶ 传统补间使用关键帧。关键帧是其中显示对象新实例的帧。补间动画只能具有一个与之关联的对象实例，并使用属性关键帧而不是关键帧。

▶ 补间动画在整个补间范围上由一个目标对象组成。传统补间允许用户在两个关键帧之间进行补间，其中包含相同或不同元件的实例。

▶ 补间动画和传统补间都只允许对特定类型的对象进行补间。在创建补间时，如果将补间动画应用到不允许的对象类型，Animate 会将这些对象类型转换为影片剪辑。应用传统补间会将它们转换为【图形】元件。

▶ 补间动画会将文本视为可补间的类型，而不会将文本对象转换为【影片剪辑】元件。传统补间会将文本对象转换为【图形】元件。

▶ 在补间动画范围上不允许使用帧脚本。传统补间允许使用帧脚本。

▶ 补间目标上的任何对象脚本都无法在创建补间动画范围的过程中更改。

▶ 可以在时间轴中对补间动画范围进行拉伸和调整大小，并且它们被视为单个对象。传统补间包括时间轴中可分别选择的帧的组。

▶ 要选择补间动画范围中的单个帧，请在按住 Ctrl 键的同时单击该帧。

▶ 对于传统补间，缓动可应用于补间内关键帧之间的帧组。对于补间动画，缓动可应用于补间动画范围的整个长度。若要仅对补间动画的特定帧应用缓动，则需要创建自定义缓动曲线。

▶ 利用传统补间，可以在两种不同的色彩效果（如色调和 Alpha 透明度）之间创建动画。补间动画可以对每个补间应用一种色彩效果。

▶ 只可以使用补间动画来为 3D 对象创建动画效果，无法使用传统补间为 3D 对象创建动画效果。

▶ 只有补间动画可以另存为动画预设。

▶ 对于补间动画，它无法交换元件或设置属性关键帧中显示的【图形】元件的帧数。应用了这些技术的动画要求使用传统补间。

▶ 在同一图层中可以有多个传统补间或补间

动画，但在同一图层中不能同时出现两种补间类型。

　　▶ 在补间动画的补间范围内，用户可以为动画定义一个或多个属性关键帧，而每个属性关键帧可以设置不同的属性。

【例 5-4】 创建补间动画。 ▶视频

step① 启动 Animate CC，打开一个素材文档。选择【文件】|【导入】|【导入到舞台】命令，打开【导入】对话框。选择图片文件，单击【打开】按钮将其导入舞台，如图 5-38 所示。

例 5-4 创建补间
动画

图 5-38

step② 设置舞台大小和匹配图片，效果如图 5-39 所示。

图 5-39

step③ 新建一个图层，打开【库】面板。选择【蝴蝶】图形元件，将其拖入舞台的右边，如图 5-40 所示。

图 5-40

step④ 右击【图层_2】图层的第 1 帧，在弹出的快捷菜单中选择【创建补间动画】命令，添加补间动画，如图 5-41 所示。

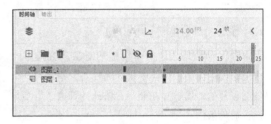

图 5-41

step⑤ 右击第 30 帧，在弹出的快捷菜单中选择【插入关键帧】|【位置】命令，插入属性关键帧，如图 5-42 所示。

插入关键帧	>	位置
插入空白关键帧		缩放
清除关键帧	>	倾斜
查看关键帧	>	旋转
剪切帧	Ctrl+Alt+X	颜色
复制帧	Ctrl+Alt+C	滤镜
粘贴帧	Ctrl+Alt+V	全部

图 5-42

step⑥ 调整蝴蝶元件实例在舞台中的位置，并改变路径，如图 5-43 所示。

step⑦ 使用相同方法，在第 60 帧和第 80 帧插入属性关键帧，并在这两帧上分别调整元件在舞台上的位置，使其从右移动到左，如图 5-44 所示。

step⑧ 使用【选择工具】，拖动调整元件的运动路径，使其变为弧形，如图 5-45 所示。

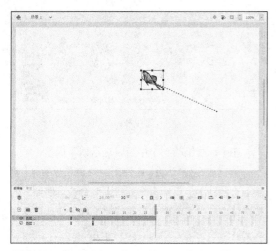

图 5-43

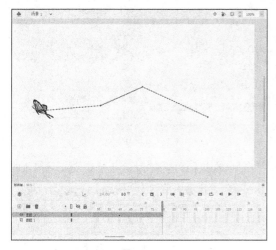

图 5-44

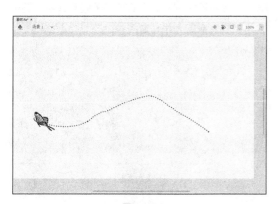

图 5-45

step 9　选择【图层 1】第 80 帧，插入关键帧，如图 5-46 所示。

step 10　选择【图层_2】第 1 帧，打开【属性】面板，在【补间】属性组中，设置【缓动】为-40，

如图 5-47 所示。

图 5-46

图 5-47

step 11　将文档以"补间动画"为名另存，并按 Ctrl+Enter 组合键测试影片，效果如图 5-48 所示。

图 5-48

5.5.2 使用动画预设

动画预设是指预先配置补间动画，并将这些补间动画应用到舞台中的对象上。动画预设是添加一些基础动画的快捷方法，可以在【动画预设】面板中选择并应用动画。

在舞台上选择元件实例或文本字段，并选择【窗口】|【动画预设】命令，打开【动画预设】面板。单击【默认预设】文件夹名称前面的 > 按钮展开文件夹，在该文件夹中显示了系统默认的动画预设，选择其中任意一个动画预设，单击【应用】按钮即可，如图 5-49 所示。

图 5-49

一旦将预设应用于舞台中的对象后，在时间轴中会自动创建补间动画。每个动画预设都包含特定数量的帧。在应用预设时，在时间轴中创建的补间范围将包含此数量的帧。如果目标对象已应用了不同长度的补间，补间范围将进行调整，以符合动画预设的长度。用户可在应用预设后调整时间轴中补间范围的长度。

5.5.3 使用【动画编辑器】

使用 Animate CC 的【动画编辑器】可以更加详细地设置补间动画的运动轨迹。创建完补间动画后，双击补间动画其中任意一帧，即可在【时间轴】面板中打开【动画编辑器】。【动画编辑器】将在网格上显示属性曲线，该网格表示发生选定补间的时间轴的各个帧，如图 5-50 所示。

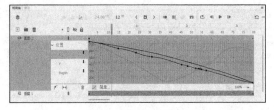

图 5-50

在【动画编辑器】中可以进行以下操作。

▶ 右击曲线网格，在弹出的快捷菜单中有【复制】、【粘贴】、【反转】、【翻转】等命令。例如，若是选择【反转】命令，则可以将曲线呈镜像反转，改变其运动轨迹，如图 5-51 所示。

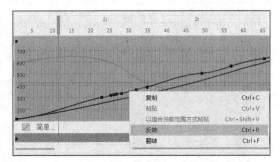

图 5-51

▶ 单击【适应视图大小】按钮 |↔|，可以让曲线网格界面适合当前的【时间轴】面板大小。

▶ 单击【在图形上添加锚点】按钮 ┌，可以在曲线上添加锚点来改变运动轨迹。

▶ 单击【为选定属性适用缓动】按钮 ▨，在弹出面板中不仅可以选择添加各种缓动选项，还可以添加锚点自定义缓动曲线，如图 5-52 所示。

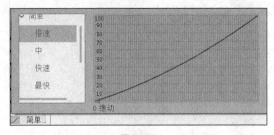

图 5-52

5.6 课堂互动

本章的课堂互动部分是制作投篮动画等几个实例操作，用户可通过练习巩固本章所学知识，从而更好地理解 Animate CC 制作基础动画的知识。

5.6.1　制作投篮动画

【例 5-5】制作投篮动画。 视频

step① 启动 Animate CC，新建一个文档。选择
【文件】|【导入】|【导入到库】
命令，打开【导入到库】对话
框。选择【篮架】、【篮筐】、
【篮球】、【篮网】、【投手】这几
个文件，然后单击【打开】按
钮，将这几个文件导入到【库】
面板中，如图 5-53 所示。

例 5-5 制作投篮
动画

图 5-53

step② 在【时间轴】面板中选择【图层_1】，将其
重命名为"投手"，然后将【投手】从【库】面板中
拖入舞台中，如图 5-54 所示。

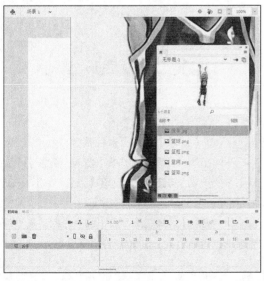

图 5-54

step③ 调整图片大小，设置舞台为蓝色，并分离
【投手】图片，然后使用【魔术棒工具】将人物周边
的白色去掉，效果如图 5-55 所示。

图 5-55

step④ 新建图层，将其重命名为"篮球架"，然后
将【篮筐】、【篮架】、【篮网】从库拖入舞台上，如
图 5-56 所示。

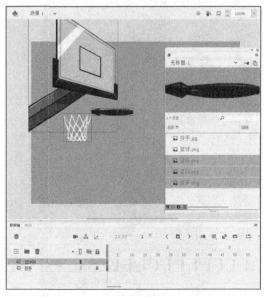

图 5-56

step⑤ 分别选择这几个文件，并选择【修改】|
【转换为元件】命令，打开【转换为元件】对话框，
将其都转换为【影片剪辑】元件，如图 5-57 所示。

step⑥ 调整元件位置和排列顺序（选择【修改】|
【排列】命令），效果如图 5-58 所示。

图 5-57

图 5-58

step⑦ 新建图层，将其重命名为 "篮球"。然后将
【篮球】从库拖入舞台上，并转换为【影片剪辑】元
件，如图 5-59 所示。

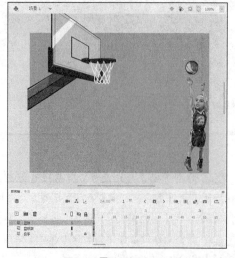

图 5-59

step⑧ 右击第 1 帧，在弹出的快捷菜单中选择【创
建补间动画】命令。在【篮球】图层上建立有 24
帧补间范围的补间动画，如图 5-60 所示。

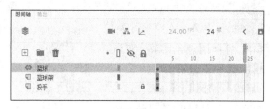

图 5-60

step⑨ 在【篮球】图层里延长帧序列长度到 30 帧，
然后在【投手】和【篮球架】图层的第 60 帧上右
击鼠标，使用右键快捷菜单插入关键帧。该操作的
目的是为了使篮球架和投手直到第 60 帧依旧能显
示在舞台上，如图 5-61 所示。

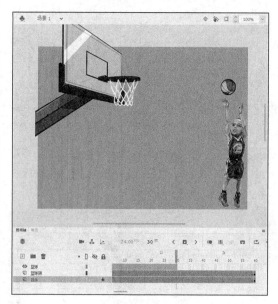

图 5-61

step⑩ 在【篮球】图层里选择第 30 帧，右击鼠
标，在弹出的快捷菜单中选择【插入关键帧】|【位
置】命令，然后将篮球移动到篮筐上方，如图 5-62
所示。

step⑪ 使用【选择工具】和【部分选取工具】调
整篮球的运动轨迹，如图 5-63 所示。

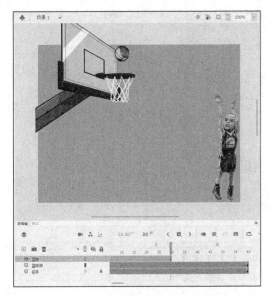

图 5-62

图 5-63

step 12 选择第 1~30 帧，右击鼠标，并从弹出的
快捷菜单中选择【复制帧】命令。然后在第 31 帧
处右击鼠标，并在弹出的快捷菜单中选择【粘贴帧】
命令。这样就形成了从第 1~30 帧和第 31~60 帧
两条相同的补间动画，如图 5-64 所示。

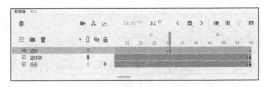

图 5-64

step 13 选择第 30 帧，右击鼠标，并从弹出的快捷

菜单中选择【复制帧】和【粘贴帧】命令，将第 30
帧复制到第 31 帧上，如图 5-65 所示。

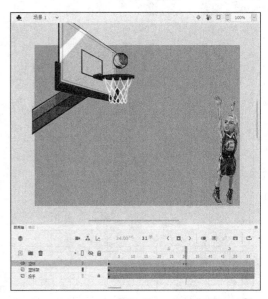

图 5-65

step 14 右击第 60 帧，在弹出的快捷菜单中选择
【插入关键帧】|【位置】命令，然后将篮球向垂直
向下方移动，如图 5-66 所示。

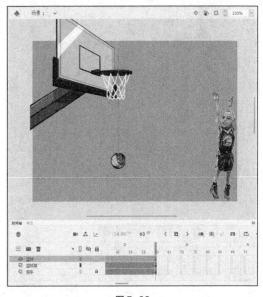

图 5-66

step 15 选择第 60 帧，打开其【属性】面板，在
【补间】属性组中设置【缓动】为 100，如图 5-67
所示。

图 5-67

step⑯ 将文档以"制作投篮动画"为名另存，并按 Ctrl+Enter 组合键测试投篮动画效果，如图 5-68 所示。

图 5-68

5.6.2 制作奔马动画

【例 5-6】制作奔马动画。 🔘视频

step① 启动 Animate CC，新建一个文档。选择【文件】|【导入】|【导入到舞台】命令，打开【导入】对话框。选择【背景】文件，然后单击【打开】按钮，如图 5-69 所示。

例 5-6 制作奔马动画

图 5-69

step② 将图形导入舞台，使舞台和背景图片大小一致，如图 5-70 所示。

图 5-70

step③ 在【时间轴】面板中选择第 300 帧，右击鼠标，并在弹出的快捷菜单中选择【插入帧】命令，即可插入普通帧，如图 5-71 所示。

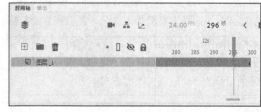

图 5-71

step④ 右击第 300 帧，在弹出的快捷菜单中选择【创建补间动画】命令，即可在第 1~300 帧之间创建补间动画，如图 5-72 所示。

step⑤ 选择【插入】|【新建元件】命令，打开【创建新元件】对话框，创建一个名为"奔马"的影片

剪辑元件，如图 5-73 所示。

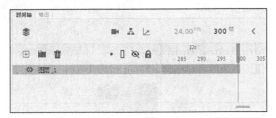

图 5-72

图 5-73

step 6 选择【文件】|【导入】|【导入到舞台】命令，打开【导入】对话框。选择"1"文件，单击【打开】按钮，如图 5-74 所示。

图 5-74

step 7 系统弹出对话框询问是否导入序列中所有的图形文件，单击【是】按钮，如图 5-75 所示。

图 5-75

step 8 此时将 5 张图片依序导入 5 个帧内，如图 5-76 所示。

step 9 单击【返回】按钮返回场景。在【时间轴】

面板中新建一个名为"马"的图层，如图 5-77 所示。

图 5-76

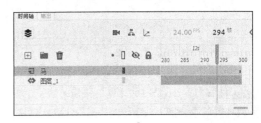

图 5-77

step 10 打开【库】面板，将【库】面板中的"奔马"影片剪辑元件拖到【马】图层的第 1 帧舞台中，并调整其在图中的位置和大小，如图 5-78 所示。

图 5-78

step⑪ 选择【马】图层的第 300 帧，右击鼠标，并在弹出的快捷菜单中选择【转换为关键帧】命令，将其转换为关键帧。然后将"奔马"影片剪辑元件拖到图片的最左端，如图 5-79 所示。

图 5-79

step⑫ 右击第 1～299 帧之间的任意一帧，在弹出的快捷菜单中选择【创建传统补间】命令，创建传统补间动画，如图 5-80 所示。

图 5-80

step⑬ 以"制作奔马动画"为名保存文档，如图 5-81 所示。

图 5-81

step⑭ 按 Ctrl+Enter 组合键预览动画，如图 5-82 所示。

图 5-82

5.7 拓展案例——制作植物生长动画

【案例制作要点】：首先导入图片，并转换图片为元件；然后插入多个关键帧并拖入元件；最后制作逐帧动画，效果如图 5-83 所示。

制作植物生长动画

图 5-83

再制作云朵移动的补间动画和飞机飞行的补间动画，效果如图 5-84 所示。

制作飞机飞行动画

图 5-84

5.8 拓展案例——制作飞机飞行动画

【案例制作要点】：先导入图片，并转换为元件；

Animate CC

第 6 章
制作图层动画

使用不同种类的图层可以制作引导层和遮罩层动画。运用相关知识，还可以制作摄像头动画和多场景动画等。本章将介绍如何运用图层制作常用的 Animate 图层动画。

6.1 图层的操作

在 Animate CC 中，图层是创建各种特殊效果最基本也是最重要的概念之一。使用图层可以将动画中的不同对象与动作区分开，例如可以绘制、编辑、粘贴和重新定位一个图层上的元素而不会影响到其他图层，因此用户不必担心在编辑过程中会对图像进行无法恢复的误操作。

6.1.1 图层的模式

图层类似透明的薄片层层叠加，如果一个图层上有一部分没有内容，那么就可以透过这部分看到下面图层上的内容。通过图层可以方便地组织文档中的内容。而且，当在某一图层上绘制和编辑对象时，其他图层上的对象不会受到影响。

图层位于【时间轴】面板的左侧，在 Animate CC 中，图层共分为 5 种类型，即一般图层、引导层、被引导层、遮罩层、被遮罩层，如图 6-1 所示。

图 6-1

Animate CC 中的图层有多种图层模式，以适应不同的设计需要，这些图层模式的具体作用如下。

▶ 当前层模式：当前层为选中状态，该层即为当前操作的层，所有新对象或导入的场景都将放在这一层上。

▶ 隐藏模式：要集中处理舞台中的某一部分时，则可以将多余的图层隐藏起来；隐藏图层的名称栏上有 图标作为标识，表示当前图层为隐藏图层，图 6-2 所示的【一般图层】图层即为隐藏图层。

▶ 锁定模式：要集中处理舞台中的某一部分时，可以将需要显示但不希望被修改的图层锁定；被锁定的图层的名称栏上有一个锁形图标 作为

标识，如图 6-3 所示。

图 6-2

图 6-3

▶ 轮廓模式：如果某图层处于轮廓模式，则该图层名称栏上会以空心的彩色方框作为标识，此时舞台中将以彩色方框中的颜色显示该图层中内容的轮廓。例如图 6-4 所示的【引导层】里原本填充颜色为红色的方形，单击 按钮使其成为轮廓模式，此时方形显示为无填充色的红色轮廓，如图 6-5 所示。

图 6-4

图 6-5

▶ 突出显示图层模式：单击图层上的 按钮即可在图层下显示线条，方便用户调用该图层，如图 6-6 所示。

图 6-6

6.1.2 创建图层和图层文件夹

可以通过分层将不同的内容或效果添加到不同图层上，从而组合成为复杂、生动的作品。使用图层前需要先创建图层或图层文件夹。

1. 创建图层

当创建了一个新的 Animate 文档后，它只包含一个图层。用户可以创建更多的图层来满足动画制作的需要。

用户可以通过以下方法创建图层。

➤ 单击【时间轴】面板中的【新建图层】按钮田，即可在选择图层的上方插入一个图层。

➤ 选择【插入】|【时间轴】|【图层】命令，即可在选择图层的上方插入一个新图层。

➤ 右击【时间轴】面板中的图层，在弹出的快捷菜单中选择【插入图层】命令，即可在该图层上方插入一个图层。

2. 创建图层文件夹

图层文件夹可以用来摆放和管理图层。当创建的图层数量过多时，可以将这些图层根据实际类型归纳到同个图层文件夹中，方便管理。

用户可以通过以下方法创建图层文件夹。

➤ 选择【时间轴】面板中顶部的图层，然后单击【新建文件夹】按钮■，即可插入一个图层文件夹，如图 6-7 所示。

图 6-7

🔍 知识点滴

由于图层文件夹仅仅用于管理图层，而不是用于管理对象，因此图层文件夹没有时间线和帧。

➤ 在【时间轴】面板中选择一个图层或图层文件夹，然后选择【插入】|【时间轴】|【图层文件夹】命令即可。

➤ 右击【时间轴】面板中的图层，在弹出的快捷菜单中选择【插入文件夹】命令，即可插入一个图层文件夹。

6.1.3 复制图层

在制作动画的过程中，有时可能需要重复使用两个图层中的对象。用户可以通过复制或拷贝图层的方式来实现，从而减少重复操作。

在 Animate CC 中，右击当前选择的图层，从弹出的快捷菜单中选择【复制图层】命令，或者选择【编辑】|【时间轴】|【复制图层】命令，在选择的图层上方创建一个含有"复制"后缀字样的同名图层，如图 6-8 所示。

图 6-8

如果要把一个文档内的某个图层复制到另一个文档内，可以右击该图层，弹出快捷菜单，选择【拷贝图层】命令，然后右击任意图层（可以是本文档内，也可以是另一文档内的图层），在弹出的快捷菜单中选择【粘贴图层】命令即可在图层上方创一个与复制图层相同的图层，如图 6-9 所示。

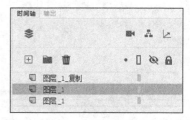

图 6-9

6.2 制作引导层动画

在 Animate CC 中，引导层是一种特殊的图层。在该图层中，同样可以导入图形和引入元件，但是最终发布动画时引导层中的对象不会被显示出来。按照引导层的不同功能，可以分为普通引导层和传统运动引导层两种类型。

6.2.1 创建普通引导层

普通引导层在【时间轴】面板的图层名称前方会显

示 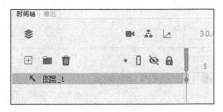 图标。该图层主要用于辅助静态对象定位，并且可以不产生被引导层而单独使用，如图 6-10 所示。

图 6-10

创建普通引导层的方法与创建普通图层的方法相似。右击要创建普通引导层的图层，在弹出的快捷菜单中选择【引导层】命令，即可创建普通引导层，如图 6-11 所示。

图 6-11

> ➕ **知识点滴**
>
> 重复上述操作右击普通引导层，在弹出的快捷菜单中选择【引导层】命令，可以将创建的普通引导层转换为普通图层。

6.2.2 创建传统运动引导层

传统运动引导层在时间轴上以 图标表示。传统运动引导层主要用于绘制对象的运动路径，可以将另一个图层链接到同一个运动引导层中，使另一个图层中的对象沿引导层中的路径运动。此时，该图层将位于传统运动引导层下方并成为被引导层。

右击要创建传统运动引导层的图层，在弹出的快捷菜单中选择【添加传统运动引导层】命令，即可创建传统运动引导层，而该引导层下方的图层会转换为被引导层。

【例 6-1】新建一个文档，创建传统运动引导层动画。 📹 视频

例 6-1 创建传统运动引导层动画

step 1 启动 Animate CC，新建一个文档。选择【修改】|【文档】命令，打开【文档设置】对话框。将【舞台大小】设置为 1000 像素×667 像素，然后单击【确定】按钮，如图 6-12 所示。

图 6-12

step 2 选择【文件】|【导入】|【导入到舞台】命令，打开【导入】对话框，导入一张背景图片，如图 6-13 所示。

图 6-13

step 3 新建图层并重命名图层为"飞机"。将原图层重命名为"背景"，如图 6-14 所示。

图 6-14

step 4 选择【文件】|【导入】|【导入到舞台】命

令，打开【导入】对话框，导入一张纸飞机图片，
如图 6-15 所示。

图 6-15

step 5 选择【飞机】图层并右击，在弹出的快捷
菜单中选择【添加传统运动引导层】命令，如图 6-16
所示。

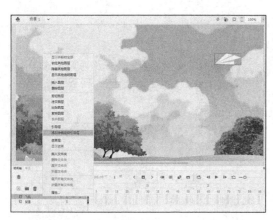

图 6-16

step 6 选择引导层的第 1 帧，在此使用【铅笔工
具】绘制一条曲线，如图 6-17 所示。

图 6-17

step 7 在【背景】和【引导层：飞机】图层的第
85 帧处插入帧。在【飞机】图层的第 85 帧处插入
关键帧，如图 6-18 所示。

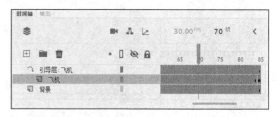

图 6-18

step 8 使用【选择工具】选择【飞机】图层第 1 帧
中的飞机图形，将其移动到曲线的最右侧。注意飞机
的中心点要和曲线的右端重合，如图 6-19 所示。

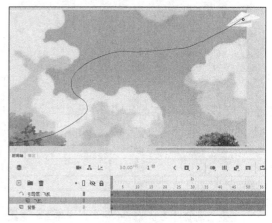

图 6-19

step 9 使用【选择工具】选择【飞机】图层第 85
帧中的飞机图形，将其移动到曲线的最左侧。注意飞
机的中心点要和曲线的左端重合，如图 6-20 所示。

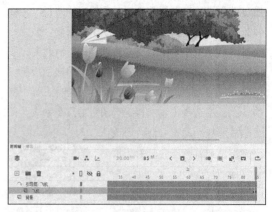

图 6-20

step 10 选择【飞机】图层第 1~85 帧并右击，在弹出的快捷菜单中选择【创建传统补间】命令，创建传统补间动画，如图 6-21 所示。

图 6-21

step 11 按 Ctrl+Enter 组合键测试动画效果，如图 6-22 所示。

图 6-22

6.3 制作遮罩层动画

使用 Animate 的遮罩层可以制作更加复杂的动画。在动画中只需要设置一个遮罩层，就能遮掩一些对象，以此制作出灯光移动或其他复杂的动画效果。

6.3.1 遮罩层动画原理

Animate CC 中的遮罩层是制作动画时一种非常有用的特殊图层，它的作用就是通过遮罩层内的图形看到被遮罩层中的内容。利用这一原理，用户可以使用遮罩层制作出多种复杂的动画效果。

在遮罩层中，与遮罩层相关联图层中的实心对象将被视作一个透明的区域，透过这个区域可以看到遮罩层下面一层的内容。而与遮罩层没有关联的图层，则不会被看到。其中，遮罩层中的实心对象可以是填充的形状、文字对象、【图形】元件的实例或影片剪辑等。线条不能作为与遮罩层相关联图层中的实心对象。

知识点滴

此外，用户还可以制作遮罩层的动态效果。对于用作遮罩层的填充形状，可以使用补间形状；对于对象、图形实例或影片剪辑，可以使用补间动画。当使用影片剪辑实例作为遮罩层时，可以使遮罩层沿着运动路径运动。

6.3.2 创建遮罩层动画

所有的遮罩层都是由普通层转换过来的。要将普通层转换为遮罩层，可以右击该图层，在弹出的快捷菜单中选择【遮罩层】命令。此时该图层的图标会变为 回，表示它已被转换为遮罩层，而紧贴它下面的图层将自动转换为被遮罩层，图标为 回。

在创建遮罩层后，通常遮罩层下方的一个图层会被自动设置为被遮罩图层。可以通过下列方法创建遮罩层与普通图层的关联，使遮罩层能够同时遮罩多个图层。

▶ 在时间轴上的【图层】面板中，将现有的图层直接拖到遮罩层下面。

▶ 在遮罩层的下方创建新的图层。

▶ 选择【修改】|【时间轴】|【图层属性】命令，打开【图层属性】对话框。在【类型】后面选择【被遮罩】单选项，然后单击【确定】按钮即可，如图 6-23 所示。

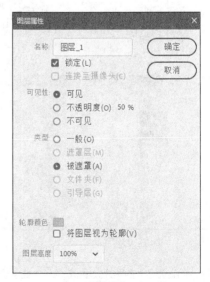

图 6-23

如果要断开某个被遮罩图层与遮罩层的关联，可先选择要断开关联的图层，然后将该图层拖到遮

罩层的上面，或选择【修改】|【时间轴】|【图层属性】命令，在打开的【图层属性】对话框中的【类型】后面选择【一般】单选项，然后单击【确定】按钮即可，如图 6-24 所示。仅当某一图层上方存在遮罩层时，【图层属性】对话框中的【被遮罩】单选项才处于可选状态。

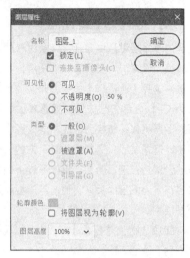

图 6-24

【例6-2】在文档上制作遮罩层动画。 视频

例 6-2 制作遮罩层动画

step① 启动 Animate CC，新建一个文档。选择【文件】|【导入】|【导入到舞台】命令，打开【导入】对话框，选择图片导入舞台，如图 6-25 所示。

图 6-25

step② 调整舞台上的图片大小。在舞台中任意位置右击，在弹出的快捷菜单中选择【文档】命令，打开【文档设置】对话框，匹配舞台内容，如图 6-26 所示。

step③ 在【时间轴】面板中单击【新建图层】按钮，新建【图层_2】，如图 6-27 所示。

图 6-26

图 6-27

step④ 选择【椭圆工具】，打开其【属性】面板，将笔触颜色设置为无，填充颜色设置为红色，如图 6-28 所示。

图 6-28

step⑤ 在【图层_2】第 1 帧处，按住 Shift 键绘制一个圆形，如图 6-29 所示。

step⑥ 选择圆形，选择【窗口】|【对齐】命令，

打开【对齐】面板。勾选【与舞台对齐】复选框，单击【水平居中对齐】和【垂直居中分布】按钮，如图 6-30 所示。

图 6-29

图 6-30

step 7 选择【图层_2】第 21 帧，按 F7 键插入空白关键帧。选择第 20 帧，按 F6 键插入关键帧。在【图层_1】第 21 帧处插入关键帧，如图 6-31 所示。

图 6-31

step 8 选择【图层_2】第 20 帧，选择【任意变形工

具】，选择圆形，按住 Shift 键向外拖动控制点，等比例从中心往外扩大圆形并覆盖住背景图，如图 6-32 所示。

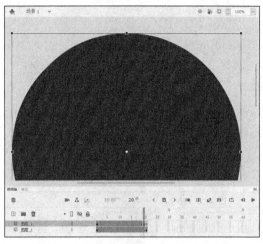

图 6-32

step 9 在【图层_2】第 1 帧上右击，在弹出的快捷菜单中选择【创建补间形状】命令，创建补间形状动画，如图 6-33 所示。

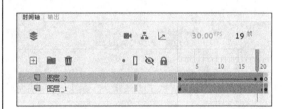

图 6-33

step 10 在【图层_2】上右击，在弹出的快捷菜单中选择【遮罩层】命令，使【图层_2】转换为【图层_1】的遮罩层，如图 6-34 所示。

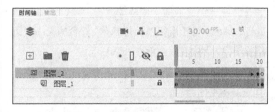

图 6-34

step 11 将文档命名为"遮罩层动画"加以保存，如图 6-35 所示。

step 12 按 Ctrl+Enter 组合键，测试动画效果，如图 6-36 所示。

图 6-35

图 6-36

6.4 制作摄像头动画

Animate CC 提供了【摄像头工具】，用户使用该工具不仅可以控制摄像头的位置、放大或缩小、平移以及其他特效，还可以指挥舞台上的角色和对象。

6.4.1 认识摄像头图层

在【工具】面板中选择【摄像头工具】📹，或者在【时间轴】面板中单击【添加摄像头】按钮📹，会在时间轴顶部添加一个摄像头图层【Camera】。此时，舞台上会出现摄像头控制台。舞台的大小变为摄像头视角的框架，如图 6-37 所示。

摄像头图层的操作方式与普通图层有所不同，其主要特点如下。

> 只能有一个摄像头图层，它始终位于所有图层的顶部。

> 无法重命名摄像头图层。

> 无法在摄像头图层中添加或绘制对象，但可以向图层内添加传统补间动画或补间动画，这样就能为摄像头运动和摄像头滤镜设置动画。

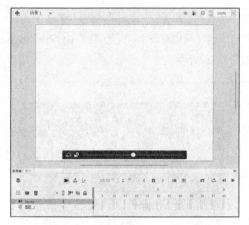

图 6-37

> 当摄像头图层处于活动状态时，系统无法移动或编辑其他图层中的对象。用户可以通过选择【选择工具】或单击【时间轴】面板中的【删除摄像头】按钮来禁用摄像头图层。

> 选择摄像头图层并删除即可完全删除摄像头图层。

6.4.2 创建摄像头动画

使用舞台上的摄像头控制台，可以方便地制作摄像头动作动画。

1. 缩放旋转摄像头

创建摄像头图层后，显示的控制台有两种模式：一种用来缩放，另一种用来旋转。

要缩放摄像头视图，首先单击控制台上的 📷 按钮，将滑块朝右拖动，摄像头视图将会放大。释放鼠标后，滑块会回到中心，用户可以继续向右拖动放大视图。将滑块朝左拖动，摄像头视图将会缩小，如图 6-38 所示。

图 6-38

要旋转摄像头视图，首先单击控制台上的 📷 按钮，将滑块朝右拖动，摄像头视图将会逆时针旋转。释放鼠标后，滑块会回到中心，用户可以继续逆时针旋转视图，如图 6-39 所示。

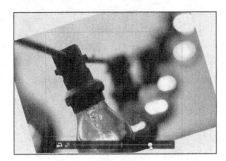

图 6-39

此外，还可以打开摄像头的【属性】面板，在【摄像机设置】属性组中设置【缩放】和【旋转】的参数值，如图 6-40 所示。

图 6-40

要移动摄像头，可以将鼠标指针放在舞台上，将摄像头向左拖动。因为这是移动摄像头而不是移动舞台内容，所以此时舞台的内容向右移动。相反，将摄像头向右拖动，则舞台的内容向左移动，如图 6-41 所示。

图 6-41

使用类似的方法，将摄像头向上拖动，则舞台的内容向下移动；将摄像头向下拖动，则舞台的内容向上移动。

2．摄像头色彩效果

用户可以使用摄像头色彩效果来创建颜色色调，或更改整个视图的对比度、饱和度、亮度及色调等效果。

打开摄像头的【属性】面板，在【色彩效果】属性组中分别选择【亮度】、【色调】、【高级】等选项，然后调整其参数值，如图 6-42 和图 6-43 所示。

图 6-42

图 6-43

【例 6-3】新建一个文档，创建摄像头动画。🎬视频

例 6-3 制作摄像头动画

step 1 启动 Animate CC，新建一个文档。选择【文件】|【导入】|【导入到舞台】命令，打开【导入】对话框。选择图片导入舞台，如图 6-44 所示。

step 2 选择【修改】|【文档】命令，打开【文档设置】对话框。单击【匹配内容】按钮，然后单击【确定】按钮，如图 6-45 所示。

step 3 单击【工具】面板中的【摄像头】按钮，

创建【Camera】图层。此时舞台上会显示摄像头控制台，如图 6-46 所示。

图 6-44

图 6-45

图 6-46

step 4 打开其【属性】面板，在【摄像机设置】属性组中设置【缩放】值为 200%，如图 6-47 所示。

step 5 在【Camera】图层中第 1 帧上右击，在弹出的快捷菜单中选择【创建补间动画】命令，创建 30 帧的补间动画，如图 6-48 所示。

图 6-47

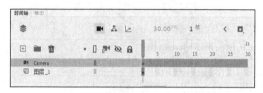

图 6-48

step 6 在【图层_1】中选择第 100 帧，插入关键帧，如图 6-49 所示。

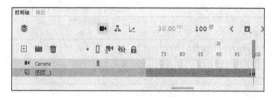

图 6-49

step 7 选择【Camera】图层，拖动第 30 帧边线，将其拉长至第 100 帧，形成 100 帧的补间动画，如图 6-50 所示。

图 6-50

step 8 选择【Camera】图层，将播放头移动到第 25 帧。将鼠标指针放在舞台上，按住 Shift 键向上垂直拖动摄像头以显示左边男人的脸，如图 6-51 所示。

step 9 在【Camera】图层上将播放头移动到第 50 帧，按住 Shift 键向右平行拖动摄像头以显示右边男人的脸，如图 6-52 所示。

图 6-51

图 6-52

step 10 在【Camera】图层上第 65 帧处按 F6 键创建关键帧，将播放头移动到第 80 帧。单击舞台，打开摄像头的【属性】面板。在【摄像机设置】属性组中设置【缩放】值为 100%，然后拖动摄像头使视图重新居中，如图 6-53 所示。

图 6-53

step 11 在【Camera】图层的第 85 帧上创建关键帧，打开摄像头的【属性】面板，在【色彩效果】

属性组中选择【色调】选项，设置参数值都为 0，如图 6-54 所示。

图 6-54

step 12 在【Camera】图层的第 100 帧上创建关键帧，打开摄像头的【属性】面板，在【色彩效果】属性组中选择【色调】选项，设置色调参数值，如图 6-55 所示。

图 6-55

step 13 保存文档，按 Ctrl+Enter 组合键测试动画效果，如图 6-56 所示。

图 6-56

6.5 制作多场景动画

在 Animate CC 中，除了默认的单场景动画以外，用户还可以应用多个场景来编辑动画，如动画风格转换时就可以使用多个场景。

6.5.1 编辑场景

Animate 默认只使用一个场景（场景 1）来组织动画，用户可以自行添加多个场景来丰富动画。每个场景都有自己的主时间轴，在其中制作动画的方法也一样。

下面介绍场景的创建和编辑的方法。

▷ 添加场景：要创建新场景，可以选择【窗口】|【场景】命令，在打开的【场景】面板中单击【添加场景】按钮，添加【场景 2】，如图 6-57 所示。

图 6-57

▷ 切换场景：要切换多个场景，可以单击【场景】面板中要进入的场景，或者单击舞台右上方的【编辑场景】按钮选择下拉列表中的选项，如图 6-58 所示。

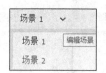

图 6-58

▷ 更改场景名称：要重命名场景，可以双击【场景】面板中要改名的场景，使其变为可编辑状态，输入新名称，如图 6-59 所示。

图 6-59

▷ 复制场景：要复制场景，可以在【场景】面板中选择要复制的场景，单击【重制场景】按钮，即可将原场景中所有内容都复制到当前场景中，如图 6-60 所示。

图 6-60

▷ 排序场景：要更改场景的播放顺序，可以在【场景】面板中拖动场景到相应位置，如图 6-61 所示。

图 6-61

▷ 删除场景：要删除场景，可以在【场景】面板中选择某场景，单击【删除场景】按钮，在弹出的提示对话框中单击【确定】按钮，如图 6-62 所示。

图 6-62

6.5.2 创建多场景动画

下面用一个简单实例来介绍如何创建多场景动画。

【例 6-4】创建多场景动画。

◉视频

step ① 启动 Animate CC，新建一个文档。选择【文件】|【导入】|【导入到舞台】命令，打开【导入】对话框，将【01】图片文件导入舞台，如图 6-63 所示。

例 6-4 创建多场景动画

图 6-63

step 2 新建图层，导入【fj】图片文件到舞台。拖动飞机图形到舞台右边，如图 6-64 所示。

图 6-64

step 3 在【图层_2】图层的第 1 帧上右击，在弹出的快捷菜单中选择【创建补间动画】命令，此时【图层_2】添加了补间动画。在第 30 帧右击，在弹出的快捷菜单中选择【插入关键帧】|【位置】命令，插入属性关键帧，如图 6-65 所示。

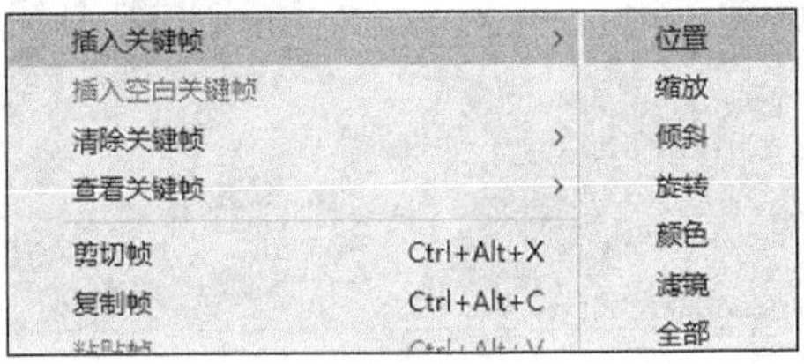

插入关键帧	>	位置
插入空白关键帧		缩放
清除关键帧	>	倾斜
查看关键帧		旋转
剪切帧	Ctrl+Alt+X	颜色
复制帧	Ctrl+Alt+C	滤镜
		全部

图 6-65

step 4 调整飞机元件在舞台中的位置，并改变其运动路径。在【图层_1】图层第 30 帧处插入关键帧，如图 6-66 所示。

step 5 选择【窗口】|【场景】命令，打开【场景】面板。单击其中的【重制场景】按钮，出现【场景 1 复制】场景，如图 6-67 所示。

图 6-66

图 6-67

step 6 双击该场景，将其重命名为"场景 2"，如图 6-68 所示。

图 6-68

step 7 用相同方法创建新场景，并将新场景重命名为"场景 3"，如图 6-69 所示。

图 6-69

step 8 选择【文件】|【导入】|【导入到库】命令，打开【导入到库】对话框，选择两张图片导入到库，如图 6-70 所示。

图 6-70

step 9 选择【场景 2】中的背景图形，打开其【属性】面板，单击【交换】按钮，如图 6-71 所示。

图 6-71

step 10 打开【交换位图】对话框，选择【02】图片文件，单击【确定】按钮，如图 6-72 所示。

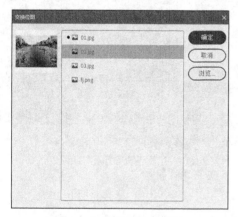

图 6-72

step 11 在【场景】面板中选择【场景 3】，使用相同的方法，在【交换位图】对话框中选择【03】图形文件，单击【确定】按钮，如图 6-73 所示。

step 12 选择【文件】|【另存为】命令，打开【另存为】对话框，将其命名为"多场景动画"文档加以保存，如图 6-74 所示。

图 6-73

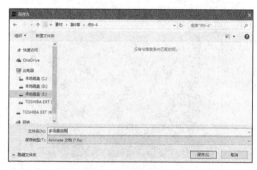

图 6-74

step 13 此时 3 个场景的背景图片都各自不同。按 Ctrl+Enter 组合键预览动画效果，如图 6-75 所示。

图 6-75

6.6 课堂互动

本章的课堂互动部分是制作炫彩文字动画等几个实例，用户通过练习从而巩固本章所学知识，更好地理解图层动画的运用。

6.6.1 制作炫彩文字动画

【例 6-5】制作炫彩文字动画。视频

step ① 启动 Animate CC，新建一个文档。选择【修改】|【文档】命令，打开【文档设置】对话框，将【舞台大小】设置为 650 像素×350 像素，【帧频】为 12，【舞台颜色】为黄色，然后单击【确定】按钮，如图 6-76 所示。

例 6-5 制作炫彩文字动画

图 6-76

step ② 选择【文本工具】，在其【属性】面板中设置字体为 Impact，【大小】为 100pt，字母间距为 4，字体颜色为黑色，如图 6-77 所示。

图 6-77

step ③ 在舞台上输入 "RAINBOW"，如图 6-78 所示。

图 6-78

step ④ 新建【图层_2】，并将其拖动到【图层_1】下面，如图 6-79 所示。

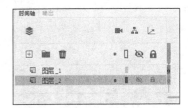

图 6-79

step ⑤ 选择【图层_2】，选择【文件】|【导入】|【导入到舞台】命令，打开【导入】对话框，将【01】图片文件导入舞台，如图 6-80 所示。

图 6-80

step ⑥ 在【图层_1】的第 60 帧处插入帧，在【图层_2】的第 60 帧处插入关键帧，如图 6-81 所示。

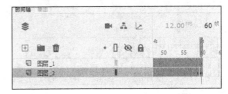

图 6-81

step ⑦ 将【图层_2】第 60 帧处的背景图像向左移动，然后在【图层_2】的第 1～60 帧之间创建传统补间动画，如图 6-82 所示。

图 6-82

step ⑧ 在【图层_1】上右击，在弹出的快捷菜单中选择【遮罩层】命令，创建遮罩层动画，如图6-83所示。

图6-83

step ⑨ 保存文件后，按 Ctrl+Enter 组合键预览动画效果，如图6-84所示。

图6-84

6.6.2 制作引导飞机飞行动画

【例6-6】使用传统运动引导层制作飞机飞行动画。 视频

step ① 启动 Animate CC，新建一个文档。选择【文件】|【导入】|【导入到舞台】命令，打开【导入】对话框，选择【背景】图片文件并将之导入舞台

例6-6制作引导飞机飞行动画

中，如图6-85所示，调整其大小以匹配舞台。

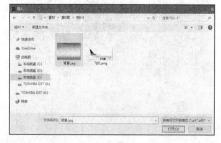

图6-85

step ② 在【时间轴】面板中新建图层，然后选择【文件】|【导入】|【导入到舞台】命令，打开【导入】对话框，将【飞机.png】文件导入舞台，如图6-86所示。

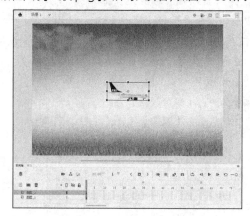

图6-86

step ③ 选择飞机图片，选择【修改】|【转换为元件】命令，打开【转换为元件】对话框，将其修改为【影片剪辑】元件，如图6-87所示。

图6-87

step ④ 在【图层_1】的第60帧处插入帧，在【图层_2】的第60帧处插入关键帧，如图6-88所示。

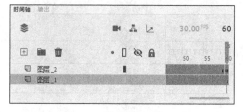

图6-88

step ⑤ 在第1~60帧之间右击，弹出快捷菜单，选择【创建传统补间】命令，为【图层_2】创建传统补间动画，如图6-89所示。

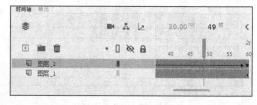

图6-89

step 6 在【图层_2】上右击，在弹出的快捷菜单中选择【添加传统运动引导层】命令，为【图层_2】添加一个引导层，如图 6-90 所示。

图 6-90

step 7 选择引导层第 1 帧，并用【铅笔工具】描绘一条运动轨迹线，如图 6-91 所示。

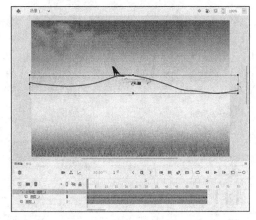

图 6-91

step 8 分别选择【图层_2】第 1 帧和第 60 帧。选择飞机元件，将其紧贴在引导线的起点和端点上，如图 6-92 所示。

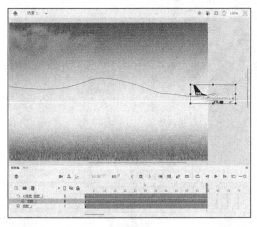

图 6-92

step 9 选择【文件】|【保存】命令，打开【另存为】对话框，将其命名为"飞机飞行"文档加以保存，如图 6-93 所示。

图 6-93

step 10 按 Ctrl+Enter 组合键测试动画效果，如图 6-94 所示。

图 6-94

6.7 拓展案例——创建浮现诗句动画

【案例制作要点】：先导入图片，并使用【文本工具】输入诗句，再创建遮罩层动画，制作诗句逐渐浮现的过程，最后效果如图 6-95 所示。

创建浮现诗句动画

图 6-95

第7章
制作3D动画和骨骼动画

使用 Animate CC 提供的 3D 变形工具可以为动画添加 3D 效果，使用 Animate CC 提供的骨骼工具可以制作反向运动动画。本章主要介绍运用 3D 变形工具和骨骼工具制作 3D 动画和骨骼动画的操作。

7.1 制作 3D 动画

【工具】面板提供了两个用于 3D 变形效果的工具，分别是【3D 旋转工具】和【3D 平移工具】。

7.1.1 创建 3D 空间

Animate CC 允许用户通过在舞台的 3D 空间中移动和旋转影片剪辑来创建 3D 效果。Animate CC 通过在每个影片剪辑实例的属性中添加 z 轴来表示 3D 空间。用户可以向影片剪辑实例添加 3D 透视效果，方法是通过使用【3D 平移工具】使这些实例沿 x 轴移动，或使用【3D 旋转工具】使其围绕 x 轴或 y 轴旋转。在 3D 术语中，在 3D 空间中移动一个对象称为"平移"，旋转一个对象称为"变形"。将这两种效果中的任意一种应用于影片剪辑后，Animate CC 会将其视为一个 3D 影片剪辑，每当选择该影片剪辑时就会显示一个重叠在其上的彩轴指示符，如图 7-1 所示。

图 7-1

若要使对象看起来离查看者更近或更远，可以使用【3D 平移工具】或属性检查器沿 z 轴移动该对象。若要使对象看起来与查看者之间形成某一角度，可以使用【3D 旋转工具】绕对象的 z 轴旋转影片剪辑。通过组合使用这些工具，用户可以创建逼真的透视效果。

【3D 平移工具】和【3D 旋转工具】都允许用户在全局 3D 空间或局部 3D 空间中操作对象。全局 3D 空间即为舞台空间，全局变形和平移与舞台相关。局部 3D 空间即为影片剪辑空间，局部变形和平移与影片剪辑空间相关。例如，如果影片剪辑

包含多个嵌套的影片剪辑，则嵌套影片剪辑的局部 3D 变形与容器影片剪辑内的绘图区域相关。【3D 平移工具】和【3D 旋转工具】的默认模式是全局。若要在局部模式中使用这些工具，请单击【工具】面板【选项】部分中的【全局转换】按钮，如图 7-2 所示。

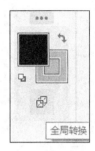

图 7-2

7.1.2 使用【3D 平移工具】

使用【3D 平移工具】🕂可以在 3D 空间中移动【影片剪辑】实例。在【工具】面板中选择【3D 平移工具】，选择一个【影片剪辑】实例，实例的 x、y 和 z 轴将显示在对象的顶部。x 轴显示为红色、y 轴显示为绿色，z 轴显示为红绿线交接的黑点。

使用 3D 平移单个对象的具体方法如下。

▶ 拖动移动对象：选择实例的 x、y 或 z 轴控件，x 和 y 轴控件是轴上的箭头。按控件箭头的方向拖动，可沿所选轴方向移动对象。z 轴控件是影片剪辑中间的黑点，上下拖动 z 轴控件可在 z 轴上移动对象。图 7-3 所示为在 x 轴上移动对象。

图 7-3

▶ 使用【属性】面板移动对象：打开【属性】面板，展开【3D 定位和视图】属性组，在 x、y 或 z 轴输入坐标位置参数值即可完成移动，如图 7-4 所示。

图 7-4

选择多个对象后，如果使用【3D 平移工具】移动其中某个对象，其他对象也将以移动对象的相同方向移动。在全局和局部模式中移动多个对象的方法如下。

▶ 在全局模式 3D 空间中以相同方式移动多个对象时，拖动轴控件移动其中一个对象，其他对象同时移动。按住 Shift 键，双击其中一个选择对象，可以将轴控件移动到多个对象，如图 7-5 所示。

图 7-5

▶ 在局部模式 3D 空间中以相同方式移动多个对象时，拖动轴控件移动其中一个对象，其他对象同时移动。按住 Shift 键，双击其中一个选择对象，可以将轴控件移动到其他对象上，如图 7-6 所示。

图 7-6

7.1.3 使用【3D 旋转工具】

使用【3D 旋转工具】 ，可以在 3D 空间移动【影片剪辑】实例，使对象能显示某一立体方向的角度。【3D 旋转工具】是绕对象的 z 轴进行旋转的。

3D 旋转控件会显示在选择对象上方，x 轴控件显示为红色、y 轴控件显示为绿色、z 轴控件显示为蓝色。使用最外圈的橙色自由旋转控件，可以使对象同时围绕 x 和 y 轴方向旋转，如图 7-7 所示。【3D 旋转工具】的默认模式为全局模式，在全局模式 3D 空间中旋转对象与相对舞台移动对象等效，在局部 3D 空间中旋转对象与相对影片剪辑移动对象等效。

图 7-7

在 3D 空间中旋转对象的具体方法如下。

▶ 拖动旋转轴控件在该轴方向旋转对象，或拖动自由旋转控件（外侧橙色圈）同时在 x 和 y 轴方向旋转对象，如图 7-8 所示。

图 7-8

▶ 左右拖动 x 轴控件，可以绕 x 轴方向旋转对象。上下拖动 y 轴控件，可以绕 y 轴方向旋转对象。拖动 z 轴控件，可绕 z 轴方向旋转对象，进行圆周运动，如图 7-9 所示。

图 7-9

> 如果要相对于对象重新定位旋转控件中心点，拖动控件中心点即可。

> 按住 Shift 键，可以以 45° 为增量旋转对象。

> 移动旋转中心点控制旋转对象和其外观，双击中心点可将其移回所选对象中心位置。

> 对象的旋转控件中心点的位置属性在【变形】面板中显示为【3D 中心点】，用户可以在【变形】面板中修改中心点的位置，如图 7-10 所示。

图 7-10

7.1.4 透视角度和消失点

透视角度和消失点控制 3D 动画在舞台上的外观视角和 z 轴方向。用户可以在使用 3D 工具后的【属性】面板里查看它们并加以调整。

透视角度属性控制 3D【影片剪辑】实例的外观视角。使用【3D 平移工具】或【3D 旋转工具】选择对象后，在【属性】面板中图标 📷 后修改参数值可以调整透视角度的大小，如图 7-11 所示。

图 7-11

增大透视角度可以使对象看起来很远，减小透视角度则造成相反的效果。

消失点属性控制 3D【影片剪辑】元件在舞台上的 z 轴方向，所有影片剪辑的 z 轴都朝着消失点后退。使用【3D 平移工具】或【3D 旋转工具】选择对象后，在【属性】面板的【消失点】区域中修改参数值可以调整消失点的坐标，如图 7-12 所示。调整消失点坐标参数值使【影片剪辑】元件发生改变，可以精确地控制对象的外观和位置。

图 7-12

【例 7-1】制作扑克牌旋转动画。🔘视频

例 7-1 制作扑克牌旋转动画

step 1 启动 Animate CC，新建一个文档。选择【文件】|【导入】|【导入到舞台】命令，打开【导入】对话框，导入一张背景图片，如图 7-13 所示。

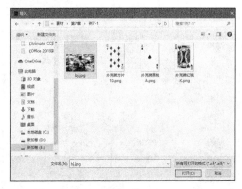

图 7-13

step 2 调整图片大小，然后设置舞台匹配内容，并将该图层重命名为"背景"，如图 7-14 所示。

图 7-14

step ③ 选择【文件】|【导入】|【导入到库】命令，打开【导入到库】对话框，并将几张扑克牌图片导入到库，如图 7-15 所示。

图 7-15

step ④ 新建【扑克牌黑桃 A】图层。将【扑克牌黑桃 A】图片从库中拖入舞台，并将其转换为【影片剪辑】元件，如图 7-16 所示。

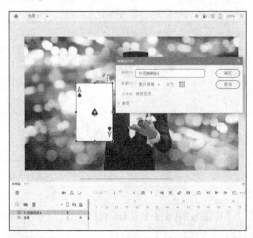

图 7-16

step ⑤ 使用【3D 平移工具】和【3D 旋转工具】调整扑克牌元件实例，如图 7-17 所示。

图 7-17

step ⑥ 选择该图层第 36 帧，插入关键帧，如图 7-18 所示。

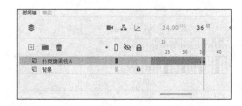

图 7-18

step ⑦ 选择该图层第 45 帧，插入帧。右击选择【创建补间动画】命令，再右击选择【插入关键帧】|【全部】命令。选择第 36 帧上的【扑克牌黑桃 A】元件实例，使用【3D 平移工具】和【3D 旋转工具】对其进行调整，然后在【背景】图层第 80 帧处插入关键帧，如图 7-19 所示。

图 7-19

step 8 选择该图层第 45 帧上扑克牌元件实例,使用【3D 平移工具】和【3D 旋转工具】以及【任意变形工具】调整其大小和位置。打开其【属性】面板,在【滤镜】属性组中添加【模糊】滤镜,【模糊 X】和【模糊 Y】的值分别设置为 6 像素,如图 7-20 所示。

图 7-20

step 9 选择该图层第 80 帧,插入帧,如图 7-21 所示。

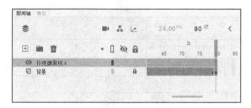

图 7-21

step 10 使用以上相同的方法,创建【扑克牌红桃 K】图层,将图片转换为元件,创建补间动画,添加滤镜效果,如图 7-22 所示。

图 7-22

step 11 使用以上相同的方法,创建【扑克牌方块 10】图层,将图片转换为元件,创建补间动画,添加滤镜效果,如图 7-23 所示。

图 7-23

step 12 选择【文件】|【保存】命令,打开【另存为】对话框,以 "3D 效果" 为名保存文档,如图 7-24 所示。

图 7-24

step 13 按 Ctrl+Enter 组合键测试动画效果,如图 7-25 所示。

图 7-25

7.2 使用【骨骼工具】

使用 Animate CC 中的【骨骼工具】可以创建一系列链接的对象并轻松创建链型效果，帮助用户更加简单地创建出各种人物动画，如胳膊、腿的反向运动效果。

7.2.1 添加骨骼

反向运动（IK）是一种使用骨骼对象进行动画处理的方式，这些骨骼按父子关系链接成线性或枝状的骨架。当一个骨骼移动时，与其连接的骨骼也发生相应的移动。

使用反向运动可以方便地创建自然运动。若要使用反向运动进行动画处理，用户只需在时间轴上指定骨骼移动的开始和结束位置。Animate CC 会自动在起始帧和结束帧之间对骨架中骨骼的位置进行内插处理。

用户可以向单独的元件实例或单个形状的内部添加骨骼。在一个骨骼移动时，与启动运动的骨骼相关的其他连接骨骼也会移动。使用反向运动进行动画处理时，只需指定对象的开始位置和结束位置即可。骨骼链称为"骨架"。在父子层次结构中，骨架中的骨骼彼此相连。骨架是线性或分支的，源于同一骨骼的骨架分支称为"同级"，骨骼之间的连接点称为"关节"。

1. 向形状添加骨骼

在舞台中绘制一个图形，选择该图形。选择【工具】面板中的【骨骼工具】，在图形中单击并将其拖动到形状内的其他位置。在拖动时，将显示骨骼。释放鼠标后，在单击的点和释放鼠标的点之间将显示一个实心骨骼。每个骨骼都由头部、线和尾部组成。

其中骨架中的第一个骨骼是根骨骼，显示为一个圆围绕骨骼头部。添加第一个骨骼时，在形状内骨架根部所在的位置单击即可连接，如图 7-26 所示。要添加其他骨骼，可以拖动第一个骨骼的尾部到形状内的其他位置，第二个骨骼将成为根骨骼的子级。按照要创建父子关系的顺序，将形状的各区域与骨骼链接在一起。

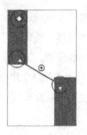
图 7-26

2. 向元件添加骨骼

通过【骨骼工具】可以向【影片剪辑】、【图形】和【按钮】元件实例添加 IK 骨骼，以此将元件和元件链接在一起，共同完成一套动作。

对舞台中一个由多个元件组成的对象进行操作时，首先选择【骨骼工具】，单击要成为骨架的元件的头部或根部，然后拖动鼠标指针到另一个元件实例，将两个元件链接在一起。如果要添加其他骨骼，就使用【骨骼工具】从第一个骨骼的根部拖动到下一个元件实例即可，如图 7-27 所示。

图 7-27

7.2.2 使用舞台用控件

使用舞台用控件时，可以借助显示有旋转范围和精确控制的参考线的帮助，在舞台上方便地进行旋转和平移调整。使用舞台用控件还可以继续在舞台上工作，而无须返回属性检查器去调整旋转。

在图像工作中使用骨骼工具舞台用控件的方法如下。

▶ 开始使用舞台用控件时，请选择骨骼并使用骨骼头部。

▶ 要查看舞台用控件，请翻转骨骼的头部。

头部会出现一个圆圈，里面是一个四向箭头（即一个加号，表示 x 和 y 轴）。箭头表示平移属性，圆圈表示旋转属性。

➤ 单击骨骼头部，并选择圆圈以编辑旋转属性，单击加号可编辑平移属性。

➤ 要想随时看到旋转和平移用的交互手柄，可翻转骨骼的头部。

➤ 单击旋转或平移选项时，用于设置约束的舞台用控件便会显示。

图 7-28 所示为舞台用控件的操作模式示意图。

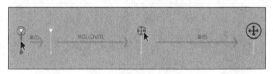

图 7-28

使用旋转控件的方法如下。

➤ 单击骨骼头部可看到旋转和平移控件。

➤ 翻转并单击表示旋转控件的圆圈，圆圈会变为红色。

➤ 单击【锁定】图标可启用自由旋转，【锁定】图标会变为一个圆点。

➤ 将鼠标指针从中心移开，将显示旋转半径的一端，单击以确定旋转的起始点。

➤ 在圆圈内再次移动鼠标指针，可选择旋转半径的另一端，单击希望该点所落的位置即可。

➤ 单击圆圈，以确认半径定义。

使用平移控件的方法如下。

➤ 翻转带有四向箭头的加号并单击它，以选择平移控件。

➤ 单击【锁定】图标可启用平移控件，【锁定】图标会变为一个圆点。

➤ 单击箭头并将其拖动到想要将移动范围扩展到的位置即可。

7.2.3 编辑骨骼

创建骨骼后，可以使用多种方法编辑骨骼，例如重新定位骨骼及其关联的对象、在对象内移动骨骼、更改骨骼的长度、删除骨骼，以及编辑包含骨骼的对象。

1. 选择骨骼

要编辑骨架，首先要选择骨骼。用户可以通过

以下方法选择骨骼。

➤ 要选择单个骨骼，可以选择【选择工具】，单击骨骼。

➤ 按住 Shift 键，可以单击选择同个骨架中的多个骨骼。

➤ 要将所选内容移动到相邻骨骼，可以单击【属性】面板中的【上一个同级】、【下一个同级】、【父级】或【子级】按钮。

➤ 要选择整个骨架并显示骨架的属性和骨架图层，可以单击骨骼图层中包含骨架的帧。

➤ 要选择骨骼形状，单击该形状即可。

2. 重新定位骨骼

添加的骨骼还可以重新定位，主要可以由以下方式实现。

➤ 要重新定位骨架的某个分支，可以拖动该分支中的任何骨骼。该分支中的所有骨骼都将移动，骨架的其他分支中的骨骼不会移动。

➤ 要将某个骨骼与子级骨骼一起旋转而不移动父级骨骼，可以按住 Shift 键拖动该骨骼。

➤ 要将某个骨骼形状移动到舞台上的新位置，请在属性检查器中选择该形状并更改 x 和 y 轴属性。

3. 删除骨骼

删除骨骼可以删除单个骨骼和所有骨骼，可以通过以下方式实现。

➤ 要删除单个骨骼及所有子级骨架，可以选择该骨骼，按 Delete 键。

➤ 要从某个骨骼形状或元件骨架中删除所有骨骼，可以选择该形状或该骨架中的任何元件实例，选择【修改】|【分离】命令，将其分离为图形，即可删除整个骨骼。

4. 移动骨骼

移动骨骼操作可以移动骨骼的任一端位置，并且可以调整骨骼的长度，具体方式如下。

➤ 要移动骨骼形状内骨骼任一端的位置，可以选择【部分选取工具】，拖动骨骼的一端即可。

➤ 要移动元件实例内骨骼连接、头部或尾部的位置，首先要打开【变形】面板，再移动实例的变形点，骨骼将随变形点移动。

➤ 要移动单个元件实例而不移动任何其他链接的实例，可以按住 Alt 键，并拖动该实例，或者

使用任意变形工具拖动它。连接到实例的骨骼会自动调整长度，以适应实例的新位置。

5. 编辑骨骼形状

用户还可以对骨骼形状进行编辑。使用【部分选取工具】，可以在骨骼形状中删除和编辑轮廓的控制点。

▶ 要移动骨骼的位置而不更改骨骼形状，可以拖动骨骼的端点。

▶ 要显示骨骼形状边界的控制点，单击形状的笔触即可。

▶ 要移动控制点，直接拖动该控制点即可。

▶ 要删除现有的控制点，选中该控制点后，按 Delete 键即可。

7.2.4 制作骨骼动画

创建骨骼动画的方式与 Animate 中的其他操作方式不同。对于骨架，只需向骨架图层中添加帧并在舞台上重定位骨架即可创建关键帧。骨架图层中的关键帧称为"姿势"，每个姿势图层都自动充当补间图层。

要在时间轴中对骨架进行动画处理，可以右击骨架图层中要插入姿势的帧，在弹出的快捷菜单中选择【插入姿势】命令，插入姿势，然后使用【选取工具】更改骨架的配置。Animate 会自动在姿势之间的帧中插入骨骼。如果要在时间轴中更改动画的长度，直接拖动骨骼图层中末尾的姿势即可。

【例 7-2】制作骨骼运动动画。  视频

step 1 启动 Animate CC，新建一个文档。选择【文件】|【导入】|【导入到舞台】命令，打开【导入】对话框，选择图片导入舞台，如图 7-29 所示。

例 7-2 制作骨骼
运动动画

图 7-29

step 2 调整图片大小，并将舞台匹配内容，如图 7-30 所示。

图 7-30

step 3 选择【插入】|【新建元件】命令，创建【影片剪辑】元件"女孩"，如图 7-31 所示。

图 7-31

step 4 选择【文件】|【导入】|【打开外部库】命令，打开【女孩素材】文件，如图 7-32 所示。

图 7-32

step 5 将外部库中女孩图形的组成部分的【影片剪辑】元件拖入舞台，如图 7-33 所示。

step 6 使用【骨骼工具】在多个躯干实例之间添加骨骼，并调整骨骼之间的旋转角度，如图 7-34 所示。

图 7-33

图 7-34

step 7 选择图层的第 40 帧，选择【插入帧】命令，然后在第 10 帧处右击，选择【插入姿势】命令，并调整骨骼的姿势。在第 20 帧和第 30 帧处分别插入姿势，并调整骨骼旋转角度，然后在第 40 帧处复制第 1 帧处的姿势，如图 7-35 所示。

图 7-35

step 8 返回场景，新建一个图层。将"女孩"【影片剪辑】元件拖入舞台的右侧，调整元件的大小和位置，如图 7-36 所示。

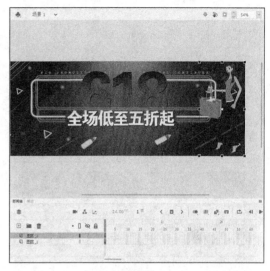

图 7-36

step 9 选择【图层_2】第 200 帧插入关键帧，将该影片剪辑移动到舞台左侧，并添加传统补间动画，然后在【图层_1】增添关键帧，使背景图一直显示，如图 7-37 所示。

图 7-37

step 10 选择【文件】|【保存】命令，将其命名为"骨骼动画"加以保存，如图 7-38 所示。

step 11 按 Ctrl+Enter 组合键测试动画效果,如图 7-39 所示。

图 7-38

图 7-39

7.3 课堂互动

本章的课堂互动部分是制作 3D 平移动画等几个实例，用户通过练习从而巩固本章所学知识，更好地理解图层动画的运用。

7.3.1 制作 3D 平移动画

【例 7-3】制作 3D 平移动画。 ⊙视频

step 1 启动 Animate CC，新建一个文档。选择【修改】|【文档】命令，打开【文档设置】对话框。将【舞台大小】设置为 600 像素×360 像素，然后单击【确定】按钮，如图 7-40 所示。

例 7-3 制作 3D 平移动画

step 2 选择【文件】|【导入】|【打开外部库】命令，打开对话框。选择【3D 背景.fla】文件，单击【打开】按钮，如图 7-41 所示。

step 3 打开外部库，从库拖入【3D 空间】元件到舞台，如图 7-42 所示。

图 7-40

图 7-41

图 7-42

step 4 使用【3D 旋转工具】拖动红色 x 轴，使其旋转至合适位置，如图 7-43 所示。

step 5 选择【插入】|【新建元件】命令，打开【创建新元件】对话框，新建"方块"【影片剪辑】元件，如图 7-44 所示。

图 7-43

图 7-44

step 6 绘制一个正方形，其属性如图 7-45 所示。

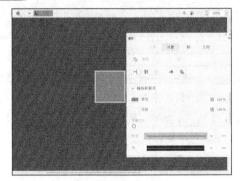

图 7-45

step 7 返回场景，新建"平移"【影片剪辑】元件。从【库】中拖入【方块】元件，打开其【属性】面板，设置【宽】和【高】为 40，Alpha 为 60%，如图 7-46 所示。

图 7-46

step 8 在【属性】面板中设置透视角度为 70，消失点【X】为 0，【Y】为 0，如图 7-47 所示。

图 7-47

step 9 在第 1 帧处右击，在弹出的快捷菜单中选择【创建补间动画】命令，并延长补间范围至第 50 帧，如图 7-48 所示。

图 7-48

step 10 选择第 50 帧中的实例，使用【3D 平移工具】和【3D 旋转工具】调整 x、y、z 轴的变化，如图 7-49 所示。

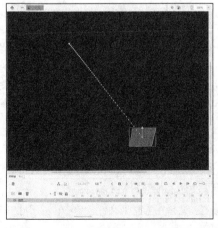

图 7-49

step⑪ 返回场景，新建图层。将元件拖入舞台中 3 次，形成 3 个实例，然后分别设置实例的色调，如图 7-50 所示。

图 7-50

step⑫ 以"3D 平移动画"为名保存文档，按 Ctrl+Enter 组合键测试动画效果，如图 7-51 所示。

图 7-51

7.3.2 制作挖掘机运动动画

【例 7-4】制作挖掘机运动动画。🔲视频

step① 启动 Animate CC，新建一个文档。选择【文件】|【导入】|【导入到舞台】命令，打开【导入】对话框，选择【背景】图片文件导入舞台中，并调整舞台大小以匹配内容，如图 7-52 所示。

例 7-4 制作挖掘机运动动画

step② 新建一个"挖掘机动画"【影片剪辑】元件，选择【文件】|【导入】|【打开外部库】命令，打开对话框。选择【素材】文件，单击【打开】按钮，如图 7-53 所示。

图 7-52

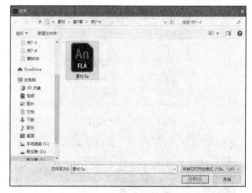

图 7-53

step③ 新建名为"车身"（拖入【挖掘机主体】元件）、"固定臂"（拖入【挖掘机固定臂】元件）、"活动臂"（拖入【挖掘机爪子】和【挖掘机活动臂】元件）的 3 个图层，如图 7-54 所示。

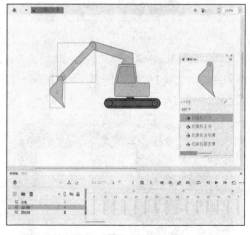

图 7-54

step④ 使用【骨骼工具】单击【挖掘机活动臂】实例的转轴部，将其拖动至【挖掘机爪子】实例的转轴部后，完成骨骼绑定，如图 7-55 所示。

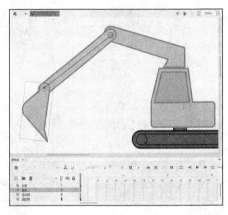

图 7-55

step 5 删除【活动臂】图层，然后将新生成的【骨架 1】图层重命名为"活动臂"，如图 7-56 所示。

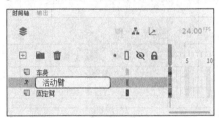

图 7-56

step 6 分别单击【活动臂】图层和【固定臂】图层的【显示父级视图】按钮 ⬚，在弹出的列表中选择【车身】选项，如图 7-57 所示。

图 7-57

step 7 这两个图层的父级图层为【车身】，如图 7-58 所示。

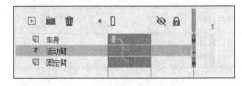

图 7-58

step 8 选择所有图层的第 300 帧，按 F5 键插入帧。选择【车身】图层第 75 帧，按 F6 键插入关键帧，如图 7-59 所示。

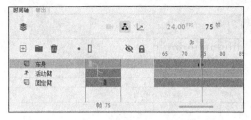

图 7-59

step 9 选择【车身】图层第 1 帧，选择【挖掘机主体】实例，按住 Shift 键平移到舞台右侧外，然后在第 1 帧和第 75 帧内创建传统补间动画，如图 7-60 所示。

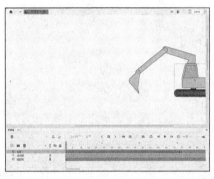

图 7-60

step 10 在【车身】图层第 155 帧和第 215 帧处插入关键帧。在第 155 帧和第 215 帧之间创建传统补间动画。然后选择第 215 帧中的【挖掘机主体】实例，按住 Shift 键平移到舞台右侧外，如图 7-61 所示。

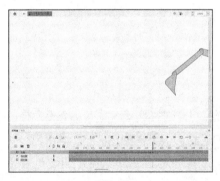

图 7-61

step 11 分别选择【活动臂】图层第 75 帧和第 155 帧并右击，在弹出的快捷菜单中选择【插入姿势】命令，如图 7-62 所示。

step 12 分别选择【活动臂】图层第 100 帧、第 120 帧、第 140 帧，使用【选择工具】拖动【挖掘机爪子】实例，并调整其姿势变化，如图 7-63 所示。

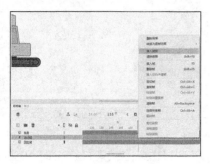

图 7-62

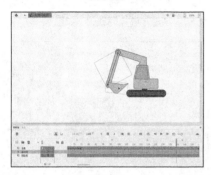

图 7-63

step 13 返回场景，将【库】中的【挖掘机动画】实例拖入舞台右侧，如图 7-64 所示。

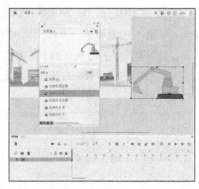

图 7-64

step 14 以【挖掘机运动】为名保存文档，并按 Ctrl+Enter 组合键测试动画效果，如图 7-65 所示。

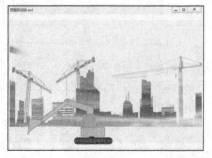

图 7-65

7.4 拓展案例——创建荡秋千动画

【案例制作要点】：首先创建角色实例，再使用【骨骼工具】给实例添加骨架，并延长姿势图层；在第 20 帧处插入姿势，设置骨架弹簧属性，最后效果如图 7-66 所示。

创建荡秋千动画

图 7-66

7.5 拓展案例——创建倒影效果

【案例制作要点】：先导入图片，再使用【3D 平移工具】和【3D 旋转工具】制作倒影，并给倒影添加滤镜效果，最后效果如图 7-67 所示。

创建倒影效果

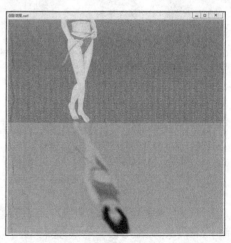

图 7-67

Animate CC

第 8 章
使用脚本制作交互式动画

ActionScript 动作脚本语言可以与 Animate 后台数据库进行交流。结合脚本语言，可以制作出交互性强、效果更加绚丽的动画。本章主要介绍 ActionScript 语言知识和交互式动画的应用。

8.1 ActionScript 语法基础

ActionScript 脚本语言允许用户向应用程序添加复杂的交互性、播放控制和数据显示等内容。ActionScript 遵循自身的语法规则并保留关键字，也允许使用变量存储和检索信息功能。

8.1.1 认识 ActionScript

Animate CC 包含多个 ActionScript 版本，以满足各类开发人员和播放硬件的需要。ActionScript 3.0 和 ActionScript 2.0 之间相互不兼容。

ActionScript 3.0 的执行速度非常快。与其他 ActionScript 版本相比，此版本要求开发人员对面向对象的编程概念有更深入的了解。ActionScript 3.0 完全符合 ECMAScript 规范，提供了更出色的 XML 处理、一个改进的事件模型以及一个用于处理屏幕元素的改进的体系结构。使用 ActionScript 3.0 的 FLA 文件不能包含 ActionScript 的早期版本。

在创作环境中编写 ActionScript 代码时，可使用【动作】面板。【动作】面板包含一个全功能代码编辑器，包括代码提示和着色、代码格式设置、语法加亮显示、调试、行号、自动换行等功能，并支持 Unicode。

选择关键帧，然后选择【窗口】|【动作】命令，打开【动作】面板。【动作】面板包含两个窗格：右边的脚本窗格供用户输入与当前所选帧相关联的 ActionScript 代码；左边的脚本导航器列出 Animate 文档中的脚本，用户可以快速查看这些脚本。在脚本导航器中单击一个项目，就可以在脚本窗格中查看脚本，如图 8-1 所示。

图 8-1

工具栏位于脚本窗格的上方，工具栏中主要按钮的具体作用如下。

➤ 【固定脚本】按钮 ：单击该按钮，可以固定当前帧、当前图层的脚本。

➤ 【插入实例路径和名称】按钮 ：单击该按钮，打开【插入目标路径】对话框，可以选择插入【按钮】或【影片剪辑】元件实例的目标路径，如图 8-2 所示。

图 8-2

➤ 【代码片段】按钮 ：单击该按钮，打开【代码片段】面板，即可使用预设的 ActionScript 语言，如图 8-3 所示。

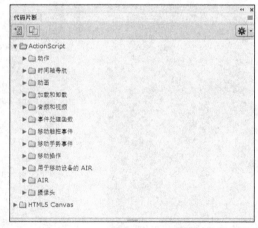

图 8-3

➤ 【设置代码格式】按钮 ：单击该按钮，为写好的脚本提供默认的代码格式。

➤ 【查找】按钮 ：单击该按钮，展开高级选项；在文本框中可以输入查找内容，还可以进行查找与替换，如图 8-4 所示。

图 8-4

▶【帮助】按钮❷：单击该按钮，打开链接网页，提供 ActionScript 语言的帮助信息。

此外，在【动作】面板或脚本窗格中编辑代码，都可以设置和修改一组首选参数值。

选择【编辑】|【首选参数】|【编辑首选参数】命令，打开【首选参数】对话框中的【代码编辑器】选项卡，如图 8-5 所示，可以在其中设置首选参数值。

图 8-5

8.1.2　基本语法

ActionScript 语法是 ActionScript 编程中最重要的内容之一。ActionScript 动作脚本主要包括语法和标点规则。

1．点语法

在动作脚本中，点（.）通常用于指向一个对象的某一个属性或方法，或者标识影片剪辑、变量、函数、对象的目标路径。点语法表达式是以对象或影片剪辑的名称开始，后面跟一个点，最后要以指定的元素结束。

例如，MCjxd 实例的 play 方法可在 MCjxds 的时间轴中移动播放头。

```
MCjxd.play();
```

2．大括号

大括号（{ }）用于分割代码段，也就是把大括号中的代码分成独立的一块，用户可以把括号中的

代码看作是一句表达式。例如，在如下代码中，_MC.stop();就是一段独立的代码。

```
On(release) {
    _MC.stop();
}
```

3．小括号

在 AcrtionScript 中，小括号用于定义和调用函数。在定义和调用函数时，原函数的参数值和传递给函数的各个参数值都用小括号括起来，如果括号里面是空的，就表示没有传递任何参数值。

4．分号

在 ActionScript 中，分号（;）通常用于结束一段语句。

5．字母大小写

在 ActionScript 中，除了关键字以外，对于动作脚本的其余部分，是不严格区分大小写的。

6．注释

注释可以向脚本中添加说明，便于他人对程序的理解，常用于团队合作或向其他人员提供范例信息。

要添加注释，可以执行下列操作之一。

▶ 注释某一行内容。在【动作】面板的脚本语言编辑区域中输入符号【//】，然后输入注释内容。

▶ 注释多行内容。在【动作】面板的专家模式下输入符号【/*】和【*/】，然后在两个符号之间输入注释内容。

8.1.3　数据类型

数据类型用于描述变量或动作脚本元素可以存储的数据信息。在 Animate CC 中包括两种数据类型，即原始数据类型和引用数据类型。

原始数据类型包括字符串、数字和布尔值，它们都有一个常数值，即它们包含所代表元素的实际值。引用数据类型是指影片剪辑和对象，它们的值可能发生更改，因此它们包含对该元素实际值的引用。此外，在 Animate CC 中还包含有两种特殊的数据类型，即空值和未定义。

1．字符串

字符串是由字母、数字和标点符号等字符组成的序列。在 ActionScript 中，字符串必须在单引号或双引号之间输入，否则将被作为变量进行处理。例如，在下面的代码中，"JXD24"是一个字符串。

```
favoriteBand = "JXD24";
```

可以使用加法（+）运算符连接或合并两个字符串。在连接或合并字符串时，字符串前面或后面的空格将作为该字符串的一部分被连接或合并。在如下代码中，Animate CC 执行程序时，自动将 Welcome 和 Beijing 两个字符串连接合并为一个字符串。

```
"Welcome " + "Beijing";
```

➕ **知识点滴**

虽然动作脚本在引用变量、实例名称和帧标签时是不区分大小写的，但文本字符串却要区分大小写。例如，"chiangxd"和"CHIANGXD"将被认为是两个不同的字符串。在字符串中包含引号时，可以在其前面使用反斜杠字符（\），这被称为"字符转义"。

2. 数值型

数值型是很常见的数据类型，它包含的都是数字。所有的数值型都是双精度浮点类，可以用算术运算符来获得或者修改变量，例如用加（+）、减（-）、乘（*）、除（/）、自增（++）、自减（--）等对数值型数据进行处理。也可以使用 Animate CC 内置的数学函数库，这些函数放置在 Math 对象里，例如，使用 sqrt（平方根）函数求出 90 的平方根，然后给 number 变量赋值的代码如下。

```
number=Math.sqrt(90);
```

3. 布尔值

布尔值是 true 或 false 值。动作脚本会在需要时将 true 转换为 1，将 false 转换为 0。布尔值在控制脚本流的动作脚本语句中，经常与逻辑运算符一起使用。例如，在下面的代码中，如果变量 i 值为 flase，将转到第 1 帧开始播放影片。

```
if (i == flase) {
gotoAndPlay(1);
}
```

4. 对象

对象是属性的集合，每个属性都包含名称和值两部分。属性的值可以是 Animate CC 中的任何数据类型，可以将对象相互包含或进行嵌套。要指定对象和它们的属性，可以使用点（.）运算符。

例如，在下面的代码中，hoursWorked 是 weeklyStats 的属性，而 weeklyStats 又是 employee 的属性。

```
employee.weeklyStats.hoursWorked
```

5. 影片剪辑

影片剪辑是对象类型中的一种，它是 Animate CC

影片中可以播放动画的元件，是唯一引用图形元素的数据。

影片剪辑数据类型允许用户使用 MovieClip 对象的方法对【影片剪辑】元件进行控制。用户可以通过点（.）运算符调用该方法。

```
mc1.startDrag(true);
```

6. 空值与未定义

空值数据类型只有一个值即 null，表示没有值，缺少数据。它可以在以下的情况中使用。

➤ 表明变量还没有接收到值。

➤ 表明变量不再包含值。

➤ 作为函数的返回值，表明函数没有可以返回的值。

➤ 作为函数的一个参数，表明省略了一个参数。

8.1.4 变量

变量是动作脚本中可以变化的量，在动画播放过程中可以更改变量的值，还可以记录和保存用户的操作信息、记录影片播放时更改的值或评估某个条件是否成立等。

变量中可以存储如数值、字符串、布尔值、对象或影片剪辑等任何类型的数据；也可以存储典型的信息类型数据，如 URL、用户姓名、数学运算的结果、事件发生的次数或是否单击了某个按钮等。

1. 变量命名

对变量进行命名必须遵循以下规则。

➤ 必须是标识符，即必须以字母或者下划线开头，例如 JXD24、365games 都是有效变量名。

➤ 不能和关键字或动作脚本同名，例如 true、false、null 或 undefined 等。

➤ 在变量的范围内命名必须是唯一的。

2. 变量赋值

在 Animate CC 中，当给一个变量赋值时，会同时确定该变量的数据类型。

3. 变量类型

在 Animate CC 中，主要有 4 种类型的变量。

➤ 逻辑变量：这种变量用于判定指定的条件是否成立，即 true 和 flase。true 表示条件成立，flase 表示条件不成立。

➤ 数值型变量：用于存储一些特定的数值。

➤ 字符串变量：用于保存特定的文本内容。

> 对象型变量：存储对象类型数据。

4. 变量声明

要声明时间轴变量可以使用 set variable 动作或赋值运算符（＝）。要声明本地变量可在函数内部使用 var 语句。本地变量的使用范围只限于包含该本地变量的代码块，它会随着代码块的结束而结束。没有在代码块中声明的本地变量会在它的脚本结束时结束，例如以下代码。

```
function myColor() {
    var i = 2;
}
```

声明全局变量可在该变量名前面使用_global 标识符。

5. 在脚本中使用变量

在脚本中必须先声明变量，然后才能在表达式中使用。如果未声明变量，该变量的值为 undefined，并且脚本将会出错。

在一个脚本中，可以多次更改变量的值。变量包含的数据类型将影响任何时候更改的变量。原始数据类型是按值进行传递的。这意味着变量的实际内容会传递给变量。例如，在下面的代码中，x 设置为 15，该值会复制到 y 中。当在第 3 行中 x 更改为 30 时，y 的值仍然为 15，这是因为 y 并不依赖 x 的改变而改变。

```
var x = 15;
var y = x;
var x = 30;
```

6. 变量的作用范围

变量的作用范围是指变量能够被识别并且可以引用的范围，在该范围内的变量是已知并可以引用的。动作脚本包括如下 3 种类型变量范围。

> 本地变量：只在变量自身的代码块（由大括号界定）中可用的变量。

> 时间轴变量：可以用于任何时间轴的变量，但必须使用目标路径进行调用。

> 全局变量：可以用于任何时间轴的变量，并且不需要使用目标路径也可直接调用。

8.1.5 常量

常量在程序中是始终保持不变的量，它分为数值型、字符串型和逻辑型。

> 数值型常量：由数值表示，例如"setProperty (yen,_alpha,100);"中，100 就是数值型常量。

> 字符串型常量：由若干字符构成的数值，它必须在常量两端引用标号，但并不是所有包含引用标号的内容都是字符串，因为 Animate 会根据上下文的内容来判断一个值是字符串还是数值。

> 逻辑型常量：又称为"布尔型常量"，表明条件成立与否；如果条件成立，在脚本语言中用 1 或 ture 表示；如果条件不成立，则用 0 或 flase 表示。

8.1.6 关键字

在 ActionScript 中保留了一些具有特殊用途的单词以便用户调用，这些单词被称为"关键字"。ActionScript 中常用的关键字主要有以下几种：break、else、instanceof、typeof、delete、case、for、new、in、var、continue、function、return、void、this、default、if、switch、while、with。

用户在编写脚本时，要注意不能再将它们作为变量、函数或实例名称使用。

8.1.7 函数

在 ActionScript 中，函数是一个动作脚本的代码块，可以在任何位置重复使用，以减少代码量，从而提高工作效率，同时也可以减少手动输入代码时引起的错误。在 Animate 中可以直接调用已有的内置函数，也可以创建自定义函数，然后进行调用。

1. 内置函数

内置函数是一种语言在内部集成的函数，它已经完成了定义的过程。当需要传递参数调用时，内置函数可以直接使用。它可用于访问特定的信息以及执行特定的任务。例如，获取播放影片的 Animate Player 版本号的函数为（getVersion()）。

2. 自定义函数

可以把执行自定义功能的一系列语句定义为一个函数。自定义的函数同样可以返回值、传递参数，也可以任意调用它。

> ➕ **知识点滴**

函数跟变量一样，附加在定义它们的影片剪辑的时间轴上，必须使用目标路径才能调用它们。此外，也可以使用_global 标识符声明一个全局函数。全局函数可以在所有时间轴中被调用，而且不必使用目标路径，这和变量很相似。

要定义全局函数，可以在函数名称前面加上标识符_global，例如以下代码。

```
_global.myFunction = function (x) {
    return (x*2)+3;
}
```

要定义时间轴函数，可以使用 function 动作，后接函数名、传递给该函数的参数，以及指示该函数功能的 ActionScript 语句。例如，以下代码定义了函数 areaOfCircle，其参数为 radius。

```
function areaOfCircle(radius) {
    return Math.PI * radius * radius;
}
```

3．向函数传递参数

参数是指某些函数执行其代码时所需的元素。例如，以下代码中的函数使用了参数 initials 和 finalScore。

```
function    fillOutScorecard(initials,
finalScore) {
    scorecard.display = initials;
    scorecard.score = finalScore;
}
```

当调用函数时，所需的参数必须传递给函数。函数会使用传递的值替换函数定义中的参数。例如以上代码，scorecard 是影片剪辑的实例名称，display 和 score 是影片剪辑中可输入文本块。

4．从函数返回值

使用 return 语句可以从函数中返回值。return 语句将停止函数运行并使用 return 语句的值替换它。

在函数中使用 return 语句时要遵循以下规则。

▶ 如果为函数指定除 void 之外的其他返回类型，则必须在函数中加入一条 return 语句。

▶ 如果指定返回类型为 void，则不应加入 return 语句。

▶ 如果不指定返回类型，则可以选择是否加入 return 语句。如果不加入该语句，将返回一个空字符串。

5．调用自定义函数

使用目标路径可以从任意时间轴中调用任意时间轴内的函数。如果函数是使用_global 标识符声明的，则无须使用目标路径即可调用它。

要调用自定义函数，可以在目标路径中输入函数名称，有的自定义函数需要在括号内传递所有必需的参数。例如，以下代码中，在主时间轴上调用影片剪辑 MathLib 中的函数 sqr()，其参数为 3，最后把结果存储在变量 temp 中。

```
var temp = _root.MathLib.sqr(3);
```

在调用自定义函数时，可以使用绝对路径或相对路径来调用。

8.1.8　运算符

ActionScript 中的表达式都是通过运算符连接变量和数值的。运算符是在进行动作脚本编程过程中经常会用到的元素，使用它可以连接、比较、修改已经定义的数值。ActionScript 中的运算符分为数值运算符、逻辑运算符、等于运算符、赋值运算符等。

🔍 知识点滴

当在一个表达式中包含相同优先级的运算符时，动作脚本将按照从左到右的顺序依次进行计算；当表达式中包含较高优先级的运算符时，动作脚本将按照从左到右的顺序，先计算优先级高的运算符，然后再计算优先级较低的运算符；当表达式中包含括号时，则先对括号中的内容进行计算，然后按照优先级顺序依次进行计算。

1．数值运算符

数值运算符可以执行加、减、乘、除及其他算术运算。动作脚本中的数值运算符如表 8-1 所示。

表 8-1　数值运算符

运算符	执行的运算
+	加法
*	乘法
/	除法
%	求模（除后的余数）
−	减法
++	自增
− −	自减

2．比较运算符

比较运算符用于比较表达式的值，然后返回一个布尔值（true 或 false），这些运算符常用于循环语句和条件语句中。动作脚本中的比较运算符如表 8-2 所示。

表 8-2　比较运算符

运算符	执行的运算
<	小于
>	大于
<=	小于或等于
>=	大于或等于

3. 字符串运算符

加号（+）运算符处理字符串时会产生特殊效果，它可以将两个字符串操作数连接起来，使其成为一个字符串。若加号（+）运算符连接的操作数中只有一个是字符串，Animate CC 会将另一个操作数也转换为字符串，然后将它们连接为一个字符串。

4. 逻辑运算符

逻辑运算符是对布尔值（true 和 false）进行比较，然后返回另一个布尔值。动作脚本中的逻辑运算符如下表所示，表 8-3 按优先级递减的顺序列出了逻辑运算符。

表 8-3　逻辑运算符

运算符	执行的运算
&&	逻辑与
||	逻辑或
!	逻辑非

5. 按位运算符

按位运算符会在内部对浮点数值进行处理，并转换为 32 位整型数值。在执行按位运算符时，动作脚本会分别评估 32 位整型数值中的每个二进制位，从而计算出新的值，如表 8-4 所示。

表 8-4　按位运算符

运算符	执行的运算
&	按位与
|	按位或
^	按位异或
~	按位非
<<	左移位
>>	右移位
>>>	右移位填零

6. 等于运算符

等于（==）运算符一般用于确定两个操作数的值或标识是否相等。动作脚本中的等于运算符如表 8-5 所示。它会返回一个布尔值（true 或 flase），若操作数为字符串、数值或布尔值将按照值进行比较；若操作数为对象或数组，将按照引用进行比较。

表 8-5　等于运算符

运算符	执行的运算
==	等于
===	全等
!=	不等于
!==	不全等

7. 赋值运算符

赋值（=）运算符可以将数值赋给变量，或在一个表达式中同时给多个参数赋值。动作脚本中的赋值运算符如表 8-6 所示。

表 8-6　赋值运算符

运算符	执行的运算
=	赋值
+=	相加并赋值
=	相减并赋值
*=	相乘并赋值
%=	求模并赋值
/=	相除并赋值
<<=	按位左移位并赋值
>>=	按位右移位并赋值
>>>=	右移位填零并赋值
^=	按位异或并赋值
|=	按位或并赋值

8. 点运算符和数组访问运算符

使用点运算符（.）和数组访问运算符（[ ]）可以访问内置或自定义的动作脚本对象属性，包括影片剪辑的属性。点运算符的左侧是对象的名称，右侧是属性或变量的名称，例如以下代码所示。

```
mc.height = 24;
mc. = "ball";
```

8.2 ActionScript 常用语句

ActionScript 语句就是动作或者命令，动作可以相互独立地运行，也可以在一个动作内使用另一个动作，从而达到嵌套效果，使动作之间可以相互影响。条件判断语句及循环控制语句是制作 Animate 动画时较常用到的两种语句。

8.2.1 条件判断语句

条件判断语句用于决定在特定情况下才执行命令，或者针对不同的条件执行具体操作。在制作交互性动画时，使用条件判断语句，只有当符合设置的条件时，才会执行相应的动画操作。在 Animate CC 中，条件语句主要有 if…else 语句、if…else…if 和 switch…case 这 3 种句型。

1. if…else 语句

if…else 条件判断语句用于测试一个条件，如果条件存在，则执行一个代码块，否则执行替代代码块。例如，下面的代码测试 x 的值是否超过 100，如果是，则生成一个 trace()函数，否则生成另一个 trace()函数。

```
if (x > 100)
{
trace("x is > 100");
}
else
{
trace("x is <= 100");
}
```

2. if…else…if 语句

使用 if…else…if 条件判断语句可以测试多个条件。例如，下面的代码不仅测试 x 的值是否超过 100，而且还测试 x 的值是否为负数。

```
if (x > 100)
{
trace("x is >100");
}
else if (x < 0)
{
trace("x is negative");
}
```

如果 if 或 else 语句后面只有一条语句，则无需用大括号括起后面的语句。但是在实际代码编写过程中，用户最好一直使用大括号，因为以后在缺少大括号的条件语句中添加语句时，可能会出现误操作。

3. switch…case 语句

如果多个执行路径依赖于同一个条件表达式，则 switch 语句非常有用。它的功能大致相当于一系列 if…else…if 语句，但是它更便于阅读。switch 语句不是对条件进行测试以获得布尔值，而是对表达式进行求值并使用计算结果来确定要执行的代码块。代码块以 case 语句开头，以 break 语句结尾。

例如，在下面的代码中，如果 number 参数的计算结果为 1，则执行 case1 后面的 trace()动作；如果 number 参数的计算结果为 2，则执行 case2 后面的 trace()动作，依此类推；如果 case 表达式与 number 参数都不匹配，则执行 default 关键字后面的 trace()动作。

```
switch (number) {
  case 1:
    trace ("case 1 tested true");
    break;
  case 2:
    trace ("case 2 tested true");
    break;
  case 3:
    trace ("case 3 tested true");
    break;
  default:
    trace ("no case tested true")
}
```

在上面的代码中，几乎每一个 case 语句中都有 break 语句，它能使流程跳出分支结构，继续执行 switch 结构下面的一条语句。

8.2.2 循环控制语句

循环类动作主要控制一个动作重复的次数，或是在特定的条件成立时重复动作。在 Animate CC 中可以使用 for、for…in、for each…in、while 和 do…while 语句创建循环。

1. for 语句

for 语句用于循环访问某个变量以获得特定范围的值。在 for 语句中必须提供以下 3 个表达式。

➤ 一个设置了初始值的变量。

➤ 一个用于确定循环何时结束的条件语句。

➤ 一个在每次循环中都更改变量值的表达式。

例如，下面的代码循环 5 次。变量 i 的值从 0 开始到 4 结束，输出结果是从 0 到 4 的 5 个数字，每个数字各占 1 行。

```
var i:int;
for (i = 0; i < 5; i++)
{
trace(i);
```

2. for…in 语句

for…in 语句用于循环访问对象属性或数组元素。例如，可以使用 for…in 语句来循环访问通用对象的属性。

```
var myObj:Object = {x:20, y:30};
for (var i:String in myObj)
{
trace(i + ": " + myObj[i]);
}
// 输出:
// x: 20
// y: 30
```

知识点滴

使用 for…in 语句来循环访问通用对象的属性时，系统是不按任何特定顺序来保存对象的属性的，因此属性可能以随机的顺序出现。

3. for each…in 语句

for each…in 语句用于循环访问集合中的项目，它可以是 XML 或 XMLList 对象中的标签、对象属性保存的值或数组元素。例如，下面所摘录的代码，可以使用 for each…in 语句来循环访问通用对象的属性，但是与 for…in 语句不同的是，for each…in 语句中的迭代变量包含属性所保存的值，而不包含属性的名称。

```
var myObj:Object = {x:20, y:30};
for each (var num in myObj)
{
trace(num);
}
// 输出:
// 20
// 30
```

4. while 语句

while 语句与 if 语句相似，只要条件为 true，就会反复执行。例如，下面的代码与 for 语句示例生成的输出结果相同。

```
var i:int = 0;
while (i < 5)
{
trace(i);
i++;
}
```

知识点滴

使用 while 语句的一个缺点是，编写的 while 循环中更容易出现无限循环。如果省略了用来递增计数器变量的表达式，则 for 语句示例代码将无法编译，而 while 语句示例代码仍然能够编译。

5. do…while 语句

do…while 语句是一种特殊的 while 语句，它保证至少执行一次代码块，这是因为系统在执行代码块后才会检查条件。下面的代码显示了 do…while 语句的一个简单示例，即使条件不满足，该示例也会生成输出结果。

```
var i:int = 5;
do
{
trace(i);
i++;
} while (i < 5);
// 输出: 5
```

8.3 输入代码

Animate CC 只支持 ActionScript 3.0 环境，不支持 ActionScript 2.0 环境。按钮或影片剪辑不可以直接添加到代码中，只能将代码输入到时间轴上，或者将代码输入到外部类文件中。

8.3.1 输入代码流程

在开始编写 ActionScript 代码之前，首先要明确动画所要达到的目的，然后根据动画设计的目的，决定使用哪些动作。在设计动作脚本时始终要把握好脚本程序的时机和脚本程序的位置。

1. 脚本程序的时机

脚本程序的时机就是指某个脚本程序在何时执行。Animate 中主要的脚本程序时机如下。

➢ 图层中的某个关键帧（包括空白关键帧）处。当动画播放到该关键帧的时候，执行该帧的脚本程序。

➢ 对象（例如按钮、图形以及影片剪辑等）上的时机。例如按钮对象在按下的时候，执行该按钮上对应的脚本程序，对象上的时机也可以通过【行为】面板来设置。

➢ 自定义时机。主要指设计者通过脚本程序来控制其他脚本程序执行的时间。例如，用户设计一个计时函数和播放某影片剪辑的程序，当计时函数计时到达时刻时，系统就自动执行播放某影片剪辑的程序。

2. 脚本程序的位置

脚本程序的位置是指脚本程序代码放到何处。设计者要根据具体动画的需要，选择恰当的位置放置脚本程序。Animate 中主要放置脚本程序的位置如下。

▶ 图层中的某个关键帧上。即打开该帧对应的【动作】面板时，脚本程序即放置在面板的代码中。

▶ 场景中的某个对象。即脚本程序放置在对象对应的【动作】面板中。

▶ 外部文件。在 Animate 中，动作脚本程序可以作为外部文件存储（文件后缀为.as），这样的脚本代码便于统一管理，且提高了代码可重复利用性。如果需要外部的代码文件，可以直接将 AS 文件导入到文件中。

8.3.2 在帧上添加代码

在 Animate CC 中，可以在时间轴上的任何一帧中添加代码，包括主时间轴和影片剪辑的时间轴中的任何帧。输入时间轴的代码，将在播放头进入该帧时被执行。在时间轴上选择要添加代码的关键帧，选择【窗口】|【动作】命令，或者直接按 F9 键即可打开【动作】面板，在【动作】面板的脚本窗格中输入代码。

【例 8-1】在帧上添加代码，单击按钮打开网站。视频

step① 启动 Animate CC，打开一个素材文档，如图 8-6 所示。

例 8-1 在帧上添加代码

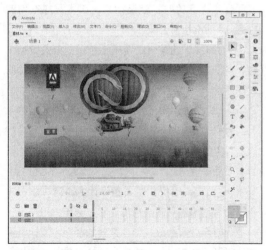
图 8-6

step② 选择左侧的按钮对象，打开其【属性】面板，设置按钮实例名称为"linkButton"，如图 8-7 所示。

step③ 新增【图层 3】，在第 1 帧上右击，在弹出的快捷菜单中选择【动作】命令，如图 8-8 所示。

图 8-7

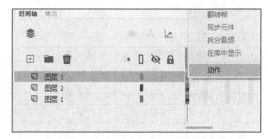
图 8-8

step④ 打开【动作】面板，在脚本窗格中输入代码（代码详见素材文件），如图 8-9 所示。

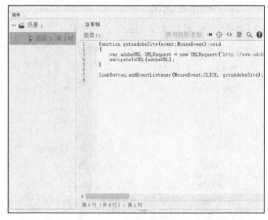
图 8-9

step⑤ 选择【文件】|【另存为】命令，以【按钮打开网址】为名另存该文档，并按 Ctrl+Enter 组合键测试影片。单击该按钮即可打开 Adobe 网站，如图 8-10 和图 8-11 所示。

图 8-10

图 8-11

8.3.3 添加外部文件代码

需要组建较大的应用程序或者包括重要的代码时，就可以创建单独的外部 ActionScript 文件并在其中组织代码。

要创建外部 ActionScript 文件，首先选择【文件】|【新建】命令，打开【新建文档】对话框，在该对话框中选择【高级】|【ActionScript 文件】选项，然后单击【创建】按钮即可，如图 8-12 所示。

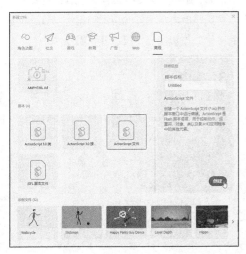

图 8-12

与【动作】面板相似，可以在创建的 ActionScript 文件的脚本窗格中书写代码，书写完成后将其保存即可，如图 8-13 所示。

图 8-13

8.4 交互式处理对象

在 Animate 中，每一个访问目标都可以称之为对象，例如舞台中的元件实例等。每个对象都包含 3 个特征，分别是属性、方法和事件，而且用户还可以进行创建对象实例等操作。

8.4.1 属性

属性是对象的基本特性，如【影片剪辑】元件的位置、大小、透明度等。它表示某个对象中绑定在一起的若干数据块中的一个。

例如以下代码。

```
myExp.x=100
    //将名为 myExp 的影片剪辑元件移到 x 坐标为
100 像素的地方
```

通过以上语句可以发现，要访问对象的属性，可以使用"对象名称（变量名）+句点+属性名"的形式书写代码。

8.4.2 方法

方法是指可以由对象执行的操作。如果用户在 Animate 中使用时间轴上的几个关键帧和基本动画制作了一个【影片剪辑】元件，则可以播放或停止该影片剪辑，或者指示它将播放头移动到特定的帧。

例如以下代码。

```
myClip.play();
```

```
//指示名为myClip的影片剪辑元件开始播放
myClip.stop();
//指示名为myClip的影片剪辑元件停止播放
```

通过以上的语句可以总结出两个规则：以"对象名称（变量名）+句点+方法名"可以访问方法，这与属性特征的访问方式类似；小括号中指示对象执行的动作，可以将值或者变量放在小括号中，这些值被称为方法的"参数"。

8.4.3 事件

事件用于确定执行哪些指令以及何时执行的机制。事实上，事件就是指所发生的、ActionScript 能够识别并可响应的事情。许多事件与用户的交互动作有关，如用户单击按钮或按下键盘上的键等操作。

无论编写怎样的事件处理代码，都会包括事件源、事件和响应 3 个元素，它们的含义如下。

▶ 事件源：指发生事件的对象，也被称为"事件目标"。

▶ 响应：指当事件发生时执行的操作。

▶ 事件：指将要发生的事情，有时一个对象可以触发多个事件。

在编写事件代码时，应遵循以下基本结构。

```
function eventResponse(eventObject:
EventType):void
{
// 此处是为响应事件而执行的动作
}
eventSource.addEventListener(EventType.
EVENT_NAME, eventResponse);
```

此代码执行两个操作。首先，定义一个函数 eventResponse，这是指定为响应事件而执行动作的方法。接下来，调用源对象的 addEventListener() 方法，实际上就是为指定事件"订阅"该函数，以便当该事件发生时，执行该函数的动作。而 eventObject 是函数的参数，EventType 则是该参数的类型。

8.4.4 创建对象实例

在 ActionScript 中使用对象之前，必须确保该对象的存在。创建对象的一个步骤就是声明变量，前面已经学会了操作方法。但仅声明变量，只表示在计算机内创建了一个空位置，因此需要为变量赋予一个实际的值，这整个过程就是对象的"实例化"。除了在 ActionScript 中声明变量时赋值之外，用户其实也可以在【属性】面板中为对象指定实例名。

除了 number、string、boolean、xML、array、regExp、object 和 function 数据类型以外，要创建一个对象实例，都应将 new 运算符与类名一起使用。例如以下代码。

```
var myday:Date=new Date(2008,7,20);
//以该方法创建实例时，在类名后加上小括号，有
时还可以指定参数值
```

8.4.5 类

类是对象的抽象表现形式，用来储存有关对象可保存的数据类型和对象可表现行为的信息。使用类可以更好地控制对象的创建方式和对象之间的交互方式。一个类包括类名和类体，类体又包括类的属性和类的方法。

1．定义类

在 ActionScript 3.0 中，可以使用 class 关键字定义类，其后跟类名。类体要放在大括号"{}"内，且放在类名后面。

例如以下代码。

```
public class className {
//类体
}
```

2．类的属性

在 ActionScript 3.0 中，可以使用以下 4 个属性来修改类的定义。

▶ dynamic：用来运行时向实例添加属性。

▶ final：不得由其他类扩展。

▶ internal：对当前包内的引用可见。

▶ 公共：对所有位置的引用可见。

例如，如果定义类时未包含 dynamic 属性，则不能在运行时向类的实例中添加属性。通过向类定义的开始处放置属性，可以分配属性。

```
dynamic class Shape {}
```

3．类体

类体放在大括号内，用于定义类的变量、常量和方法。例如以下代码声明 Adobe Flash Play API 中的 Accessibility 类。

```
public final class
Accessibility{
Public static function get
active():Boolean;
public static function
updateproperties():void;
}
```

ActionScript 3.0 不仅允许在类体中包括定义，还允许包括语句。如果语句在类体中，但在方法定义之外，那么这些语句只在第一次遇到类定义并且创建了相关的类对象时被执行一次。

【例 8-2】制作蒲公英飘动效果。 视频

step 1 启动 Animate CC，新建一个文档。选择【修改】|【文档】命令，打开【文档设置】对话框。设置【舞台颜色】为黑色，文档大小为 550 像素×400 像素，如图 8-14 所示。

例 8-2 制作蒲公英飘动效果

图 8-14

step 2 选择【插入】|【新建元件】命令，打开【创建新元件】对话框，创建一个【影片剪辑】元件，如图 8-15 所示。

图 8-15

step 3 打开【影片剪辑】元件编辑模式，选择【文件】|【导入】|【导入到舞台】命令，打开【导入】对话框，导入蒲公英图像到舞台中，如图 8-16 所示。

step 4 使用【任意变形工具】，设置其大小和位置，然后选择【修改】|【转换为元件】命令，将其转换为图形元件，如图 8-17 所示。

图 8-16

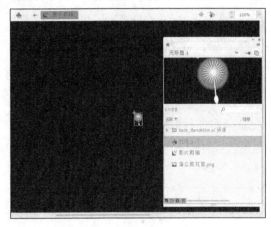

图 8-17

step 5 分别在第 2、25、50、75 和 100 帧处插入关键帧，并选择第 25 帧处的图形，选择【窗口】|【变形】命令，打开【变形】面板，设置【旋转】度数为-30°，如图 8-18 所示。

图 8-18

step 6 选择第 75 帧处的图形，在【变形】面板中设置【旋转】度数为 30°，如图 8-19 所示。

图 8-19

step 7 在第 2～24 帧、25～49 帧、50～74 帧和 75～100 帧之间各自创建传统补间动画。新建图层，重命名为【控制】，在其第 1 帧、第 2 帧和第 100 帧处插入空白关键帧，如图 8-20 所示。

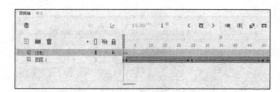

图 8-20

step 8 右击【控制】图层第 100 帧，在弹出的快捷菜单中选择【动作】命令，打开【动作】面板。输入代码 gotoAndPlay(2);，如图 8-21 所示。

图 8-21

step 9 返回场景，选择【文件】|【新建】命令，打开【新建文档】对话框。选择【高级】|【Action Script 文件】选项，单击【创建】按钮，如图 8-22 所示。

step 10 在新建的 ActionScrpit 文件窗口中输入代码（详见素材资料），如图 8-23 所示。

step 11 选择【文件】|【保存】命令，将 ActionScript 文件保存为 "fluff"，并保存在【蒲公英飘动】文件夹中，如图 8-24 所示。

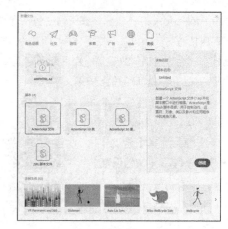

图 8-22

图 8-23

图 8-24

step 12 返回文档，右击【库】面板中的【影片剪辑】元件，在弹出的快捷菜单中选择【属性】命令，打开【元件属性】对话框。展开【高级】属性组，在【类】文本框中输入 "fluff"，并单击【确定】按钮，如图 8-25 所示。

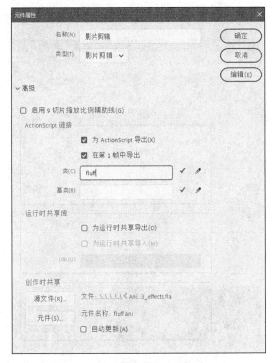

图 8-25

图 8-27

step 13 选择【文件】|【新建】命令，新建一个 ActionScript 文件。在脚本窗格中输入代码（详见素材资料），如图 8-26 所示。

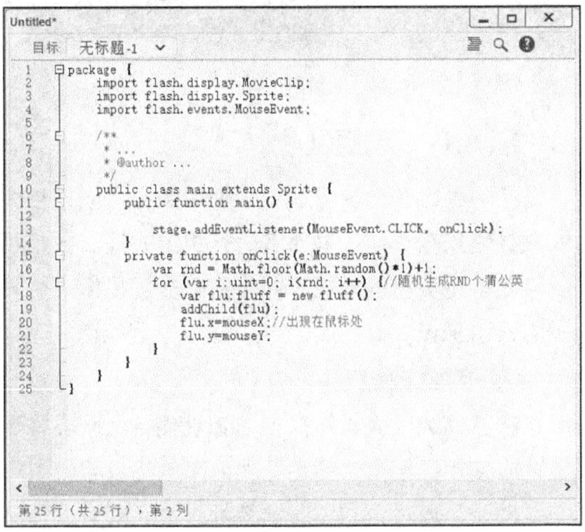

图 8-26

step 14 选择【文件】|【保存】命令，将 ActionScript 文件保存为"main"，并保存在【蒲公英飘动】文件夹中，如图 8-27 所示。

step 15 返回文档，打开其【属性】面板，在【发布设置】属性组中单击【更多设置】按钮，如图 8-28 所示。

图 8-28

step 16 打开【发布设置】对话框，并单击【脚本】文本框右侧的【ActionScript 设置】按钮，如图 8-29 所示。

图 8-29

step 17 打开【高级 ActionScript 3.0 设置】对话框，在【文档类】文本框内输入连接的外部 AS 文件名称"main"，然后单击【确定】按钮，如图 8-30 所示。

图 8-30

step 18 返回【发布设置】对话框，单击【确定】
按钮，返回文档。导入位图至舞台中，设置其大小
为 550 像素×400 像素，x 和 y 轴坐标位置为（0,
0），如图 8-31 所示。

图 8-31

step 19 将文档保存为"蒲公英"，并保存在【蒲公
英飘动】文件夹中，如图 8-32 所示。

step 20 按 Ctrl+Enter 组合键，测试动画效果：每
次单击，即可产生一个随机大小飘动的蒲公英花絮，

如图 8-33 所示。

图 8-32

图 8-33

8.4.6 数组

在 ActionScript 3.0 中，使用数组可以把相关
的数据聚集在一起，并对其进行组织处理。数组可
以存储多种类型的数据，并为每个数据提供一个唯
一的索引标识。

1. 创建数组

在 ActionScript 3.0 中，可以使用 Array 类构造
函数或使用数组文本初始化功能来创建数组。

例如，通过调用不带参数的构造函数可以得到
一个空数组，代码如下所示。

```
var myArray:Array = new
Array ();
```

2. 遍历数组

如果要访问存储在数组中的所有元素，用户可
以使用 for 语句循环遍历数组。

在 for 语句中，大括号内使用循环索引变量以

访问数组的相应元素，循环索引变量的范围应该是 0～数组长度减 1。

例如以下代码。

```
var myArray:Array = new
Array (…values);
For(var i:int = 0; I < myArray.
Length;I ++) {
Trace(myArray[i]);
}
```

其中，i 索引变量从 0 开始递增，当其等于数组的长度时停止循环，即 i 的赋值为数组最后一个元素的索引时停止。然后在 for 语句的循环数组中，通过 myArray[i] 的形式访问每一个元素。

3. 操作数组

用户可以对创建好的数组进行操作，例如添加元素和删除元素等。

使用 Array 类的 unshift()、push()、splice() 方法可以将元素添加到数组中。使用 Array 类的 shift()、pop()、splice() 方法可以从数组中删除元素。

➤ 使用 unshift() 方法可以将一个或多个元素添加到数组的开头，并返回数组的新长度。此时，数组中的其他元素从其原始位置向后移动一位。

➤ 使用 push() 方法可以将一个或多个元素追加到数组的末尾，并返回该数组的新长度。

➤ 使用 splice() 方法可以在数组中的指定索引处插入任意数量的元素，该方法能修改数组但不制作副本。splice() 方法还可以删除数组中任意数量的元素，其执行的起始位置是由传递到该方法的第一个参数指定的。

➤ 使用 shift() 方法可以删除数组的第一个元素，并返回该元素。其余的元素将从其原始位置向前移动一个索引位置，即为始终删除索引 0 处的元素。

➤ 使用 pop() 方法可以删除数组中最后一个元素，并返回该元素的值，即为删除位于最大索引处的元素。

8.5　课堂互动

本章的课堂互动部分是制作下雨动画等几个实例，用户通过练习从而巩固本章所学知识。

8.5.1　制作下雨动画

【例 8-3】制作下雨动画效果。

step ① 启动 Animate CC，新建一个文档。选择【文件】|【导入】|【导入到舞台】命令，将一张背景图片导入舞台，如图 8-34 所示。

例 8-3 制作下雨动画

图 8-34

step ② 选择【修改】|【文档】命令，打开【文档设置】对话框。设置舞台匹配内容，并设置【舞台颜色】为黑色，如图 8-35 所示。

图 8-35

step ③ 选择【插入】|【新建元件】命令，打开【创建新元件】对话框，创建一个名为 "yd" 的【影片剪辑】元件，如图 8-36 所示。

图 8-36

step④ 进入元件编辑模式，使用【线条工具】绘制一条白色斜线。在时间轴第 24 帧处插入关键帧，并将线条向左下方移动一段距离（这段距离是雨点从天空落到地面的距离）。在第 1～24 帧之间创建补间动画，如图 8-37 所示。

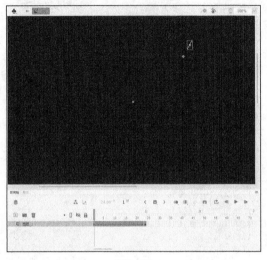

图 8-37

step⑤ 新建图层【图层_2】，将其拖到【图层_1】下方。在【图层_2】第 24 帧处插入空白关键帧，使用【椭圆工具】在线条下方绘制一个边框为白色、无填充色、宽和高分别为 57 像素和 7 像素的椭圆，如图 8-38 所示。

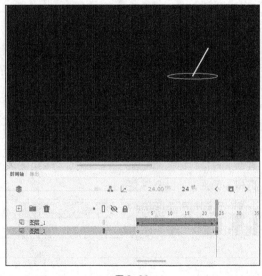

图 8-38

step⑥ 选择【图层_2】第 24 帧，将其拖动到第

25 帧处。然后选择第 25 帧处的椭圆，将其转换为名为"水纹"的【图形】元件，如图 8-39 所示。

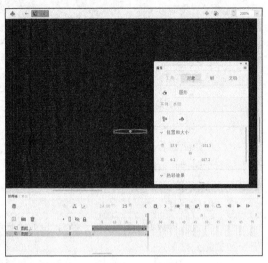

图 8-39

step⑦ 在【图层_2】第 40 帧处插入关键帧，选择该帧的椭圆，使用【任意变形工具】设置宽和高分别为 118 像素和 13 像素。在其【属性】面板中设置 Alpha 值为 0%，然后在【图层_2】第 25～40 帧之间创建补间动画，如图 8-40 所示。

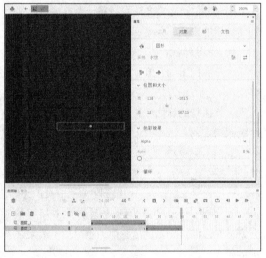

图 8-40

step⑧ 在【库】面板中右击【yd】元件，在弹出的快捷菜单中选择【属性】命令，打开【元件属性】对话框。展开【高级】属性组，勾选【为 ActionScript 导出】复选框，然后单击【确定】按钮，如图 8-41 所示。

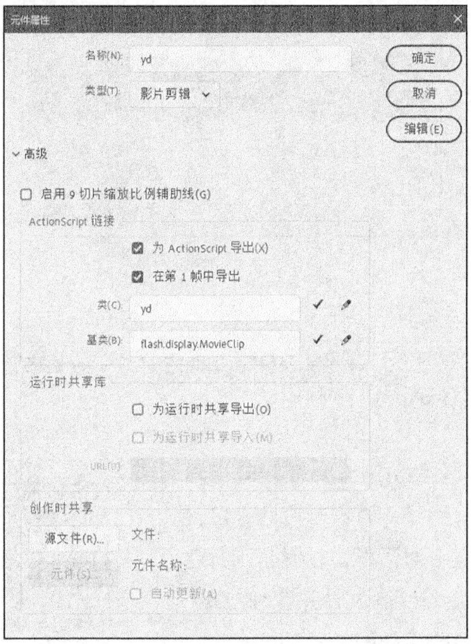

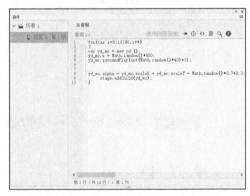

图 8-41

step 9 返回场景，新建一个图层。选择该图层第 1 帧，打开【动作】面板，输入代码（详见素材资料），如图 8-42 所示。

图 8-42

step 10 以"雨打荷塘"为名保存该文档，按 Ctrl+Enter 组合键测试动画效果，如图 8-43 所示。

图 8-43

8.5.2　控制按钮播放声音

【例 8-4】载入声音文件并控制播放。

例 8-4 控制按钮播放声音

step 1 启动 Animate CC，新建一个文档。打开一个素材文档，将声音文件和素材文档放在同一个文件夹内，如图 8-44 所示。

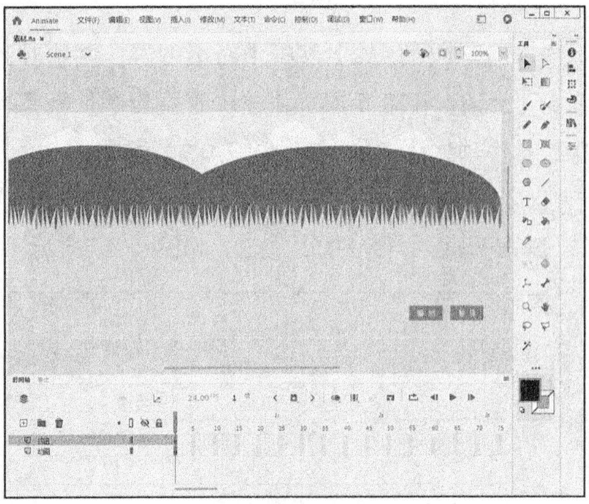

图 8-44

step 2 选择舞台上的【播放】按钮元件，并打开其【属性】面板，设置其实例名称为"playButoon"，如图 8-45 所示。

图 8-45

step 3 选择舞台上的【暂停】按钮元件，并打开其【属性】面板，设置其实例名称为"stopButoon"，如图 8-46 所示。

图 8-46

step ④ 在【时间轴】面板中新增图层，并将其改名为【AS】。在第 1 帧处右击，在弹出的快捷菜单中选择【动作】命令，打开【动作】面板。

step ⑤ 在【动作】面板中输入代码（详见素材资料），该代码表示载入声音并播放两次，如图 8-47 所示。

图 8-47

step ⑥ 继续在【动作】面板中输入代码（详见素材资料），其表示播放声音的同时指示当前播放声音文件的位置。当单击【暂停】按钮时，停止播放声音并存储当前位置。当单击【播放】按钮时，系统传递以前存储的位置值，以便从声音停止的相同位置重新播放声音，如图 8-48 所示。

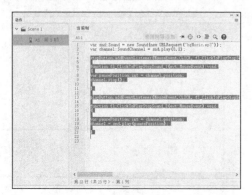

图 8-48

step ⑦ 以"播放声音"为名另存文件。按 Ctrl+Enter 组合键，并单击各按钮测试影片效果，如图 8-49 所示。

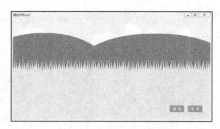

图 8-49

8.6 拓展案例——制作涟漪效果

【案例制作要点】：先导入图片到库，再右击打开【位图属性】对话框，设置类；新建 ActionScript 文件并输入代码，最后效果如图 8-50 所示。

制作涟漪效果

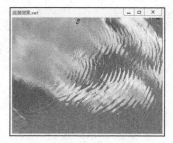

图 8-50

8.7 拓展案例——制作下雪效果

【案例制作要点】：先导入图片，再新建【影片剪辑】元件，绘制雪的形状；新建 ActionScript 文件并输入代码，选择保存文档的位置，最后效果如图 8-51 所示。

制作下雪效果

图 8-51

Animate CC

第 9 章
使用动画组件和代码片段

组件是一种带有参数的影片剪辑。【代码片断】窗口预制了一些常用的代码组合，使用它们可以提高制作动画的效率。本章主要介绍使用各种组件和代码片段的方法。

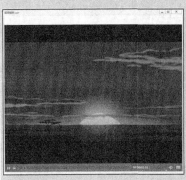

9.1 创建 UI 组件

组件是带有参数的影片剪辑。每个组件都有一组独特的动作脚本方法，用户可以使用组件在 Animate CC 中快速构建应用程序。本节首先介绍一下 UI 类组件。

9.1.1 组件的类型

Animate CC 中的组件都显示在【组件】面板中。选择【窗口】|【组件】命令，打开【组件】面板。在该面板中可查看和调用系统中的组件。Animate CC 中包括【UI】（User Interface）组件和【Video】组件。

UI 组件主要用来构建界面，实现简单的用户交互功能。打开【组件】面板后，展开【User Interface】属性组，即可弹出所有组件，如图 9-1 所示。

图 9-1

【Video】组件主要来用来插入多媒体视频，以及多媒体控制的控件。打开【组件】面板后，展开【Video】属性组，即可弹出所有【Video】组件，

如图 9-2 所示。

图 9-2

要添加组件，用户可以直接双击【组件】面板中要添加的组件，将其添加到舞台中央；也可以先将之选中，后将之拖到舞台中。

拖动到舞台中的组件被系统默认为组件实例，并且都是默认大小的。用户可以通过【属性】面板中的设置来调整组件大小。

使用【任意变形工具】调整组件的宽和高属性可以调整组件大小，该组件内容的布局保持不变，但该操作会导致组件在影片回放时发生扭曲现象，如图 9-3 所示。

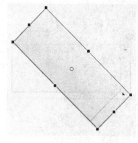

图 9-3

9.1.2 创建按钮组件

按钮组件【Button】可使用自定义图标来定义其大小，它可以执行鼠标和键盘的交互事件命令，

也可以将按钮的行为从按下改为切换。

在【组件】面板中选择按钮组件【Button】，将其拖动到舞台中即可创建一个按钮组件的实例，如图 9-4 所示。

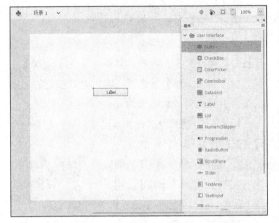

图 9-4

选择按钮组件实例后，选择【窗口】|【组件参数】命令，打开【组件参数】面板，用户可以在此修改其参数值，如图 9-5 所示。

图 9-5

在按钮组件的【组件参数】面板中有很多复选框，只要勾选复选框即代表该项的值为 true，取消勾选则为 false。该面板中主要属性如下。

▶【enabled】复选框：指示组件是否可以接受焦点和输入，默认值为勾选。

▶【label】文本框：设置按钮上的标签名称，默认选项为【label】。

▶【labelPlacement】下拉列表框：确定按钮上的标签文本相对于图标的方向。

▶【selected】复选框：如果【toggle】值为 true，则该复选框指定按钮是处于按下状态 true（勾选），否则是释放状态 false。

▶【toggle】复选框：将按钮转变为切换开关。如果值是 true，按钮在单击后将保持按下状态，再次单击时则返回弹起状态；如果值是 false，则按钮行为与一般按钮相同。

▶【visible】复选框：指示对象是否可见，默认值为 true。

9.1.3 创建复选框组件

复选框是一个可以勾选或取消勾选的方框，它是表单或应用程序中常用的控件之一，当需要收集一组非互相排斥的选项时可以使用复选框。

在【组件】面板中选择复选框组件【CheckBox】，将其拖到舞台中即可创建一个复选框组件的实例，如图 9-6 所示。

图 9-6

选择复选框组件实例，选择【窗口】|【组件参数】命令，打开【组件参数】面板，用户可以在此修改其参数值，如图 9-7 所示。

图 9-7

在该面板中各选项的具体作用如下。

▶【enabled】复选框：指示组件是否可以接受焦点和输入，默认值为 true。

▶【label】文本框：设置复选框的名称，默认选项为【label】。

▶【labelPlacement】下拉列表框：设置名称相对于复选框的位置，默认情况下位于复选框的右侧。

▶【selected】复选框：设置复选框的初始值为 true 或者 false。

▶【visible】复选框：指示对象是否可见，默认值为 true。

9.1.4 创建单选按钮组件

单选按钮组件【RadioButton】允许在互相排斥的选项之间进行选择，用户可以利用该组件创建多个不同的组，从而创建一系列的选择组。

在【组件】面板中选择下拉列表中的【RadioButton】，将其拖到舞台中即可创建一个单选按钮组件的实例，如图 9-8 所示。

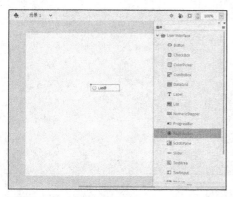

图 9-8

选择单选按钮组件实例后，打开【组件参数】面板，用户可以在此修改其参数值，如图 9-9 所示。

图 9-9

在该面板中各主要选项的具体作用如下。

▶【groupName】文本框：指定当前单选按钮所属的组，与该参数值相同的单选按钮为一组，且在一个单选按钮组中只能选择一个单选按钮。

▶【label】文本框：设置【RadioButton】的文本内容，其默认选项为【label】。

▶【labelPlacement】下拉列表框：确定单选按钮旁边标签文本的方向，默认选项为【right】。

▶【selected】复选框：确定单选按钮的初始状态是否被选中，默认值为 false。

【例 9-1】使用复选框和单选按钮组件创建一个可交互的应用程序。 视频

step ① 启动 Animate CC，新建一个文档。选择【窗口】|【组件】命令，打开【组件】面板，将复选框组件【CheckBox】拖到舞台中创建一个实例，如图 9-10 所示。

例 9-1 复选框和单选按钮组件应用

图 9-10

step ② 在该实例的【属性】面板中，输入实例名称为"homeCh"，然后打开【组件参数】面板，在【label】文本框中输入文字"复选框"，如图 9-11 所示。

图 9-11

step 3 从【组件】面板中拖动两个单选按钮组件【RadioButton】至舞台中，并将它们置于复选框组件的下方，如图 9-12 所示。

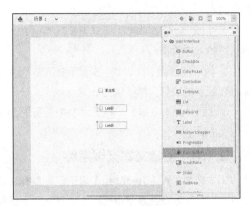

图 9-12

step 4 选择舞台中的第 1 个单选按钮组件，打开其【属性】面板，输入实例名称"单选按钮 1"。然后打开【组件参数】面板，在【label】文本框中输入"男"，在【groupName】文本框中输入"valueGrp"，如图 9-13 所示。

图 9-13

step 5 选择舞台中的第 2 个单选按钮组件，打开其【属性】面板，输入实例名称"单选按钮 2"。然后打开【组件参数】面板，在【label】文本框中输入"女"，在【groupName】文本框中输入"valueGrp"，如图 9-14 所示。

图 9-14

step 6 在时间轴上选择第 1 帧，然后打开【动作】面板输入代码（详见素材资料），如图 9-15 所示。

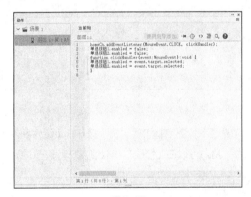

图 9-15

step 7 保存文档后，按 Ctrl+Enter 组合键测试影片效果。勾选复选框后，单选按钮才处于可选状态，如图 9-16 所示。

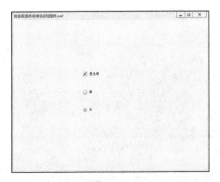

图 9-16

9.1.5 创建下拉列表框组件

下拉列表框组件【ComboBox】由 3 个子组件构成：【BaseButton】、【TextInput】和【List】组件。它允许用户从打开的下拉列表框中选择一个选项。

🔍 **知识点滴**

下拉列表框组件【ComboBox】可以是静态的，也可以是可编辑的。可编辑的下拉列表框组件允许在列表顶端的文本框中直接输入文本。

在【组件】面板中选择下拉列表框组件【ComboBox】，将它拖动到舞台中后即可创建一个下拉列表框组件的实例，如图 9-17 所示。

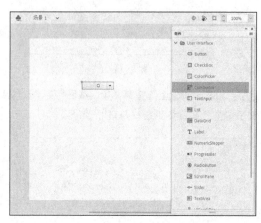

图 9-17

选择下拉列表框组件实例，打开其【组件参数】面板，用户可以在此修改其参数值，如图 9-18 所示。

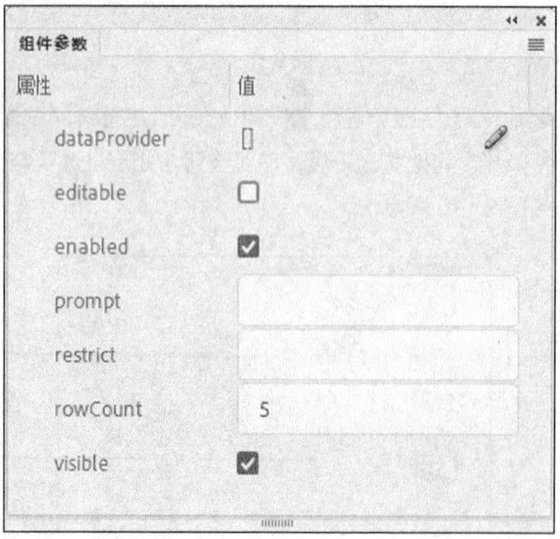

图 9-18

该面板中各主要选项的具体作用如下。

▶【editable】复选框：确定【ComboBox】组件是否允许被编辑，默认值为 false 不可编辑。

▶【enabled】复选框：指示组件是否可以接收焦点和输入。

▶【restrict】文本框：可在下拉列表框的文本字段中输入字符集。

▶【rowCount】文本框：设置下拉列表框中最多可以显示的项数，默认值为 5。

▶【visible】复选框：指示对象是否可见，默认值为 true。

9.1.6 创建文本区域组件

文本区域组件【TextArea】用于创建多行文本字段，例如，可以在表单中使用【TextArea】组件创建一个静态的注释文本，或者创建一个支持文本输入的文本框。

在【组件】面板中选择文本区域组件【TextArea】，将它拖动到舞台中即可创建一个文本区域组件的实例，如图 9-19 所示。

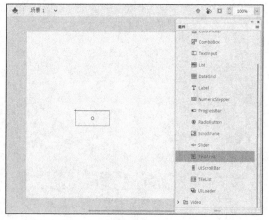

图 9-19

选择文本区域组件实例，打开其【组件参数】面板，用户可以在此修改其参数值，如图 9-20 所示。

在该面板中各主要选项的具体作用如下。

▶【editable】复选框：确定【TextArea】组件是否允许被编辑，默认值为 true 可编辑。

▶【htmlText】文本框：指示文本采用 HTML格式，可以使用字体标签来设置文本格式；通过设置 HtmlText 属性可以使用 HTML 格式来设置TextArea 组件，同时可以用星号遮蔽文本的形式创建密码字段。

图 9-20

▶【text】文本框：指示【TextArea】组件的内容。

▶【wordWrap】复选框：指示文本是否可以自动换行，默认值为 true 可自动换行。

【例 9-2】使用文本区域组件创建一个可交互的应用程序。视频

step ① 启动 Animate CC，新建一个文档。选择【窗口】||【组件】命令，打开【组件】面板，拖动两个文本区域组件【TextArea】到舞台中，如图 9-21 所示。

例 9-2 文本区域组件应用

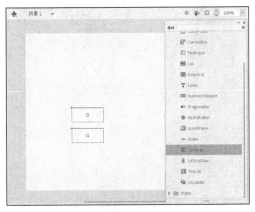

图 9-21

step ② 选择上方的【TextArea】组件，输入实例名称"aTa"。选择下方的【TextArea】组件，输入实例名称"bTa"，如图 9-22 所示。

图 9-22

step ③ 在时间轴上选择第 1 帧，然后打开【动作】面板输入代码（详见素材资料），如图 9-23 所示。

图 9-23

step ④ 按 Ctrl+Enter 组合键测试影片效果。创建两个可输入的文本框，使第 1 个文本框中只允许输入数字，第 2 个文本框中只允许输入字母，且在第 1 个文本框中输入的内容会自动出现在第 2 个文本框中，如图 9-24 所示。

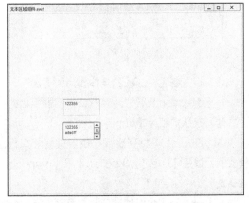

图 9-24

9.1.7　创建进程栏组件

使用进程栏组件【ProgressBar】可以方便、快速地创建出动画预载画面，即通常在打开 Animate 动画时见到的 Loading 界面。配合标签组件【Label】，还可以将加载进度显示为百分比。

在【组件】面板中选择进程栏组件【ProgressBar】，将其拖到舞台中即可创建一个进程栏组件的实例，如图 9-25 所示。

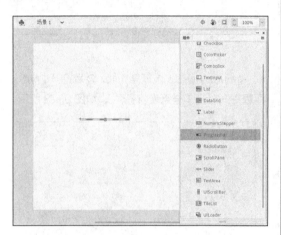

图 9-25

选择进程栏组件实例后，打开其【组件参数】面板，用户可以在此修改其参数值，如图 9-26 所示。

图 9-26

该面板中各主要选项的具体作用如下。

➤【direction】下拉列表框：指示进度栏的填充方向，默认选项为【right】向右。

➤【mode】下拉列表框：设置进度栏运行的模式，可以是【event】【polled】或【manual】，默认选项为【event】。

➤【source】文本框：是一个要转换为对象的

字符串，它表示源的实例名称。

9.1.8　创建滚动窗格组件

如果需要在 Animate 文档中创建一个能显示大量内容的区域，但又不能为此占用过大的舞台空间，就可以使用滚动窗格组件【ScrollPane】。在【ScrollPane】组件中可以添加有垂直或水平滚动条的窗口，用户可以将影片剪辑、JPEG、PNG、GIF 或者 SWF 文件导入该窗口中。

在【组件】面板中选择滚动窗格组件【ScrollPane】，并将其拖到舞台中即可创建一个滚动窗格组件的实例，如图 9-27 所示。

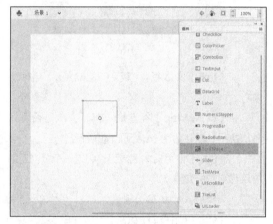

图 9-27

选择滚动窗格组件实例后，打开其【组件参数】面板，用户可以在此修改其参数值，如图 9-28 所示。

图 9-28

该面板中各主要选项的具体作用如下。

▶【horizontalLineScrollSize】文本框：指示每次单击箭头按钮时水平滚动条移动的像素值。

▶【horizontalPageScrollSize】文本框：指示每次单击轨道时水平滚动条移动的像素值。

▶【horizontalScrollPolicy】下拉列表框：设置水平滚动条是否显示。

▶【scrollDrag】复选框：一个布尔值，用于确定当用户在滚动窗格中拖动内容时内容是否发生滚动。

▶【verticalLineScrollsize】文本框：指示每次单击箭头按钮时垂直滚动条移动的像素值。

▶【verticalPageScrollSize】文本框：指示每次单击轨道时垂直滚动条移动的单位数。

9.1.9　创建数字微调组件

数字微调组件【NumericStepper】允许用户逐个通过一组经过排序的数字。该组件由显示上、下三角按钮旁边的文本框中的数字组成。用户按下按钮时，数字将根据参数中指定的单位进行递增或递减，直到用户释放该按钮或达到最大或最小值为止。

在【组件】面板中选择数字微调组件【Numeric Stepper】，将其拖到舞台中即可创建一个数字微调组件实例，如图 9-29 所示。

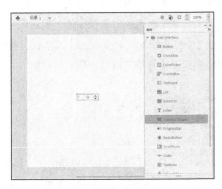

图 9-29

选择数字微调组件实例后，打开其【组件参数】面板，用户可以在此修改其参数值，如图 9-30 所示。

该面板中各主要选项的具体作用如下。

▶【maximum】文本框：设置可在步进器中显示的最大值，默认值为 10。

▶【minimum】文本框：设置可在步进器中显示的最小值，默认值为 0。

图 9-30

▶【stepSize】文本框：设置每次单击时步进器中增大或减小的单位，默认值为 1。

▶【value】文本框：设置在步进器的文本区域中显示的值。

9.1.10　创建文本标签组件

文本标签组件【Label】是一行文本。用户可以指定一个标签的格式，也可以控制标签的对齐样式和大小。

在【组件】面板中选择文本标签组件【Label】，并将其拖到舞台中即可创建一个文本标签组件的实例，如图 9-31 所示。

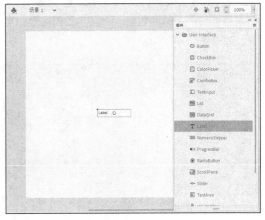

图 9-31

选择文本标签组件实例后，打开【组件参数】面板，用户可以在此修改其参数值，如图 9-32 所示。

该面板中各主要选项的具体作用如下。

▶【autoSize】下拉列表框：指示如何调整标签的大小并对齐标签以适合文本，默认选项为【none】。

图 9-32

图 9-34

> 【enabled】复选框：指示标签是否采用 HTML 格式，如果勾选此复选框，则不能使用样式来设置标签的格式，但可以使用 font 标记将文本格式设置为 HTML。

> 【text】文本框：指示标签的文本，默认文本是【Label】。

9.1.11 创建列表框组件

列表框组件【List】和下拉列表框很相似，区别在于下拉列表框一开始就显示一行，而列表框则是显示多行。

在【组件】面板中选择列表框组件【List】，并将其拖到舞台中即可创建一个数字微调组件的实例，如图 9-33 所示。

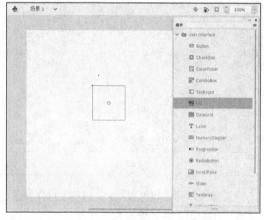

图 9-33

选择列表框组件实例后，打开其【组件参数】面板，用户可以在此修改其参数值，如图 9-34 所示。

该面板中各主要选项的具体作用如下。

> 【dataProvider】文本框：需要的数据在 dataProvider 中。

> 【horizontalLineScrollSize】文本框：指示每次单击箭头按钮时水平移动的像素值，默认值为 4。

> 【horizontalPageScrollSize】文本框：指示每次单击轨道时水平移动的像素值，默认值为 0。

> 【horizontalScrollPolicy】下拉列表框：设置水平滚动是否显示。

> 【verticalLineScrollsize】文本框：指示每次单击箭头按钮时垂直移动的像素值，默认值为 4。

> 【verticalPageScrollSize】文本框：指示每次单击轨道时垂直移动的单位数，默认值为 0。

9.2 创建视频类组件

Animate CC 的【组件】面板中还包含了【Video】组件，即视频类组件。该组件主要用于控制导入 Animate CC 中的视频。

Animate CC 的视频组件主要包括了使用视频播放器组件【FLVplayback】和一系列用于视频控制的按键组件。通过该组件，可以将视频播放器包含在 Animate CC 应用程序中，以便播放通过 HTTP 渐进式下载的 Animate CC 视频（FLV）文件。

将【Video】组件下的【FLVplayback】组件拖入舞台中即可使用该组件，如图 9-35 所示。

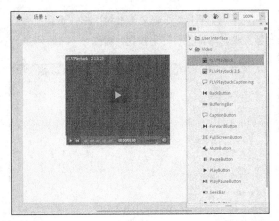

图 9-35

选择舞台中的视频组件实例后，在其【组件参数】面板中会显示组件选项，用户可以在此修改组件参数值，如图 9-36 所示。

图 9-36

该面板中各主要选项的具体作用如下。

▶【autoplay】复选框：是一个用于确定 FLV 文件播放方式的布尔值。如果值是 ture，则该组件将在加载 FLV 文件后立即播放；如果值是 false，则该组件会在加载第 1 帧后暂停。

▶【cuePoints】选项：是一个描述 FLV 文件的提示点的字符串。

▶【isLive】复选框：一个布尔值，用于指定 FLV 文件的实时加载流。

▶【skin】选项：该属性用于打开【选择外观】

对话框，用户可以在该对话框中选择组件的外观。

▶【skinAutoHide】复选框：一个布尔值，用于设置外观是否可以隐藏。

▶【volume】文本框：表示相对于最大音量百分比的值，范围是 0～100。

【例 9-3】使用【FLVplayback】组件创建一个播放器。 视频

step 1 启动 Animate CC，新建一个文档。选择【窗口】|【组件】命令，打开【组件】面板，在【Video】组件列表中拖动【FLVplayback】组件到舞台中央，如图 9-37 所示。

例 9-3 视频组件应用

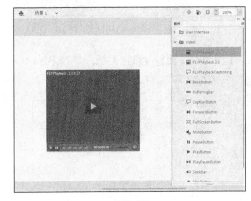

图 9-37

step 2 选择舞台中的组件，打开【组件参数】面板。单击【Skin】选项右侧的 🖉 按钮，如图 9-38 所示，打开【选择外观】对话框。

图 9-38

step③ 在该对话框中打开【外观】下拉列表框，选择所需的播放器外观。单击【颜色】按钮，选择所需控制条颜色，然后单击【确定】按钮，如图9-39所示。

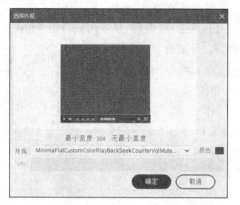

图9-39

step④ 返回【组件参数】面板，单击【source】选项右侧的 ✎ 按钮，如图9-40所示。

图9-40

step⑤ 打开【内容路径】对话框，单击其中的 🗁 按钮，如图9-41所示。

图9-41

step⑥ 打开【浏览源文件】对话框，选择一个视频文件，单击【打开】按钮，如图9-42所示。

图9-42

step⑦ 返回【内容路径】对话框，勾选【匹配源尺寸】复选框，然后单击【确定】按钮即可将视频文件导入组件，如图9-43所示。

图9-43

step⑧ 选择【任意变形工具】，调整播放器的大小和位置。按 Ctrl+Enter 组合键预览动画的效果，在播放时可通过播放器上的各按钮控制影片的播放，如图9-44所示。

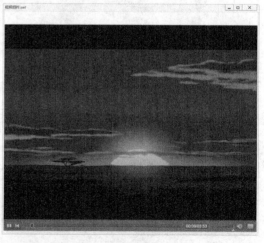

图9-44

9.3 使用代码片段

【代码片断】面板能够帮助非编程人员很快就开始轻松使用简单的 JavaScript 和 ActionScript 3.0。借助该面板，用户可以将代码添加到 FLA 文件以启用常用功能。

9.3.1 【代码片断】面板

利用【代码片断】面板，用户可以做到以下几点。

➤ 添加能影响对象在舞台上的行为的代码。

➤ 添加能在时间轴中控制播放头移动的代码。

➤ 将创建的新代码片段添加到面板。

使用 Animate CC 附带的代码片段也是开始学习 JavaScript 或 ActionScript 3.0 的一种较好的方式。用户通过查看片段中的代码并遵循片段说明，便可以开始了解代码结构和词汇。

选择【窗口】|【代码片断】命令，即可打开【代码片断】面板，如图 9-45 所示。

图 9-45

打开该面板后，可以将代码片段添加到对象或时间轴帧，其操作步骤如下。

➤ 选择舞台上的对象或时间轴中的帧。如果选择的对象不是元件实例，则当用户应用该代码片段时，Animate CC 会将该对象转换为【影片剪辑】元件。如果选择的对象还没有实例名称，Animate 会在应用代码片段时添加一个实例名称。

➤ 在【代码片断】面板中双击要应用的代码片段。

➤ 如果选择的是舞台上的对象，Animate 会把该代码片段添加到【动作】面板中包含所选对象的帧中。如果选择的是时间轴帧，则 Animate 会把代码片段只添加到那个帧。

【例 9-4】使用【代码片断】面板给【按钮】元件添加代码。

例 9-4 使用代码片段

🎬视频

step① 启动 Animate CC，打开一个素材文档，如图 9-46 所示。

图 9-46

step② 选择右侧的按钮对象，打开其【属性】面板，设置按钮实例名称为"myButton"，如图 9-47 所示。

图 9-47

step ③ 选择【窗口】|【代码片断】命令，打开【代码片断】面板，双击【动作】|【单击以转到 Web 页】选项，如图 9-48 所示。

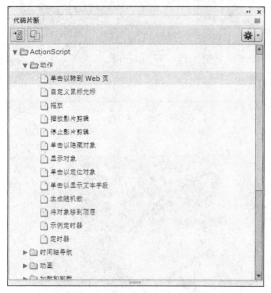

图 9-48

step ④ 打开【动作】面板，修改 URLRequese() 内的网址（详见素材资料），如图 9-49 所示。

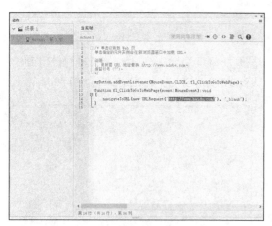

图 9-49

step ⑤ 选择【文件】|【另存为】命令，以【添加代码片断】为名另存该文档。按 Ctrl+Enter 组合键测试影片，单击按钮即可打开百度网站，如图 9-50 所示。

图 9-50

9.3.2 新建代码片断

用户在【代码片断】面板中可以自行创建代码片段。

单击【代码片断】面板中的【选项】按钮 ，选择【创建新代码片断】命令，如图 9-51 所示。

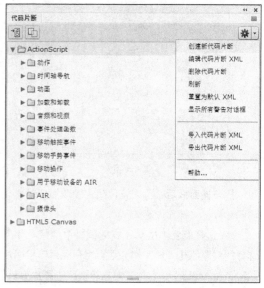

图 9-51

打开【创建新代码片断】对话框，输入【标题】、【说明】、【代码】等内容，然后单击【确定】按钮即可，如图 9-52 所示。

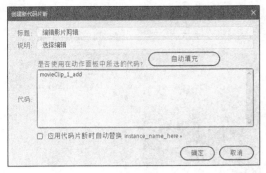

图 9-52

图 9-54

9.4 课堂互动

本章的课堂互动部分是制作登录界面等几个实例，用户通过练习从而巩固本章所学知识。

9.4.1 制作登录界面

【例 9-5】制作登录界面。

例 9-5 制作登录界面

step 1 启动 Animate CC，新建一个文档。选择【文件】|【导入】|【导入到舞台】命令，将一张背景图片导入舞台，如图 9-53 所示。

图 9-53

step 2 调整图片大小，设置舞台大小以匹配内容，如图 9-54 所示。

step 3 新建一个图层，打开其【组件】面板，将【Label】组件拖入舞台中。打开其【属性】面板，设置其实例名称为【pwdLabel】。打开其【组件参数】面板，设置【text】为【用户名：】，如图 9-55 所示。

图 9-55

step 4 再次将【Label】组件拖入舞台中，打开其【属性】面板，设置其实例名称为【confirmLabel】。打开【组件参数】面板，设置【text】为【密 码：】，如图 9-56 所示。

图 9-56

step 5 将【TextInput】组件拖入到舞台中，置于

【用户名：】右侧，打开其【属性】面板，设置其实例名称为【pwdTi】，如图 9-57 所示。

图 9-57

step 6 再次将【TextInput】组件拖入舞台中，置于【密码：】右侧，打开其【属性】面板，设置其实例名称为【confirmTi】，打开【组件参数】面板，勾选【displayAsPassword】复选框，如图 9-58 所示。

图 9-58

step 7 从【组件】面板中将【Button】组件拖入舞台中，打开其【组件参数】面板，将【label】设置为【登录】，如图 9-59 所示。

图 9-59

step 8 再次将【Button】组件拖入舞台中，打开

其【组件参数】面板，将【label】设置为【取消】，如图 9-60 所示。

图 9-60

step 9 新建一个图层，选择该图层第 1 帧。打开【动作】面板，输入代码（详见素材资料），如图 9-61 所示。

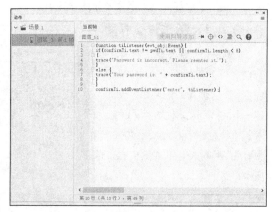

图 9-61

step 10 以【登录界面】为名保存文档，并按 Ctrl+Enter 组合键测试动画效果，如图 9-62 所示。

图 9-62

9.4.2 加载图像组件

【例 9-6】使用【UILoader】组件加载图像。 视频

step 1 启动 Animate CC，新建一个文档。选择【修

改】|【文档】命令，打开【文档
设置】对话框，设置【舞台大小】
为 600 像素×450 像素，如图 9-63
所示。

例 9-6 加载图像
组件

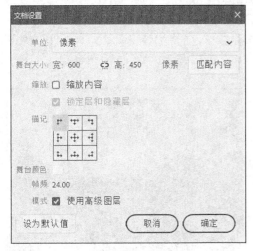

图 9-63

step ② 打开【组件】面板，将【UILoader】组件
拖入舞台，并设置其宽和高为 600 像素×450 像素，
【X】和【Y】都为 0，如图 9-64 所示。

图 9-64

step ③ 以【加载图像】为名保存文档，并将与要加载
的图像文件保存在同一文件夹内，如图 9-65 所示。

step ④ 选择舞台中的组件，打开其【组件参数】面
板，在【source】文本框中输入"1.jpg"，如图 9-66
所示。

图 9-65

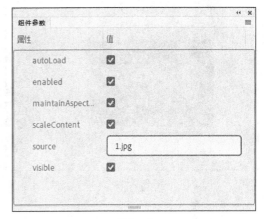

图 9-66

step ⑤ 保存文档，并按 Ctrl+Enter 组合键测试动
画效果，如图 9-67 所示。

图 9-67

9.5 拓展案例——创建滚动窗格效果

【案例制作要点】：使用滚动窗格组件【Scroll Pane】，输入实例名称为"aSp"，并打开【动作】面板输入代码，最后效果如图9-68所示。

创建按钮切换效果

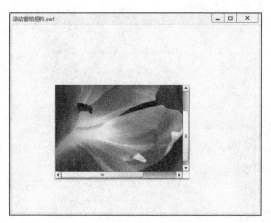

图 9-68

9.6 拓展案例——创建按钮换图效果

【案例制作要点】：先导入图片到库，再插入帧并添加代码；使用按钮组件【Button】，输入实例名称"an"，并输入代码，最后效果如图9-69所示。

创建滚动窗格效果

图 9-69

第 10 章
动画影片的发布和导出

用户在制作完动画影片后，可以将影片发布或导出，也可以设置成多种发布格式，以保证制作的影片与其他应用程序相兼容。本章将介绍发布和导出动画影片等后期处理操作。

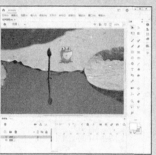

10.1 发布影片

在默认情况下，使用【发布】命令可以创建
SWF 文件，或将 Animate 影片插入浏览器窗口
所需的 HTML 文档。Animate CC 提供了多种发
布格式，用户可以根据需要选择发布的格式，并
设置发布参数。

10.1.1 设置发布

用户在发布 Animate 文档之前，首先需要确
定发布的格式，并设置该格式的发布参数才可进行
发布。

选择【文件】|【发布设置】命令，打开【发布
设置】对话框，如图 10-1 所示。

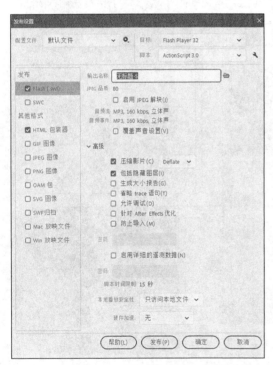

图 10-1

【发布设置】对话框中提供了多种发布格式，
当用户选择了某种发布格式后，若该格式包含参数
设置，则会显示相应的格式选项卡用于设置其发布
格式的参数。

默认情况下，在发布影片时会使用文档原有的
名称，如果需要命名新的名称，可在【输出名称】

文本框中输入新的文件名。不同格式文件的扩展名
不同，用户在自定义文件名的时候注意不要修改扩
展名，如图 10-2 所示。

图 10-2

10.1.2 设置 Flash 发布格式

Flash 动画格式是 Animate CC 自身的动画格
式，也是输出动画的默认形式。在输出动画的时候，
勾选【Flashc(.swf)】复选框出现其选项卡。展开
【Flash(.swf)】选项卡里的【高级】属性组，可以设
定 Flash 动画的高级选项，如图 10-3 所示。

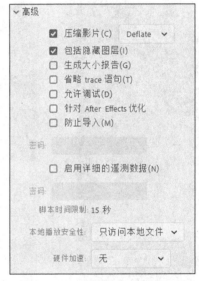

图 10-3

【Flash】选项卡中的主要属性作用如下。

▶【目标】下拉列表框：可以选择所输出 Flash
动画的版本，包括从 Flash Player 10.3～32 和 AIR
系列，此处选择 Flash Player 32，如图 10-4 所示。
因为 Flash 动画的播放是靠插件支持的，如果用户
系统中没有安装高版本的插件，那么使用高版本输
出的 Flash 动画在此系统中不能被正确地播放。如
果使用低版本输出，那么 Flash 动画所有的新增功
能将无法正确地运行。所以，除非有必要，否则一
般不提倡使用低版本输出 Flash 动画。

图 10-4

▶【高级】属性组：该属性组主要包括一组复选框。勾选【防止导入】复选框可以有效地防止所生成的动画文件被其他人非法导入到新的动画文件中继续编辑。勾选此复选框后，【密码】文本框被激活，在其中可以加入导入此动画文件时所需要的密码。以后当文件被导入时，系统就会要求输入正确的密码。勾选【压缩影片】复选框后，在发布动画时对视频进行压缩处理，使文件便于在网络上快速传输。勾选【允许调试】复选框后，允许在 Animate CC 的外部跟踪动画文件，而且对话框的【密码】文本框也被激活，可以在此设置密码。勾选【包括隐藏图层】复选框，可以将 Animate 动画中的隐藏层导出。【脚本时间限制】文本框内可以输入需要参数值，用于限制脚本的运行时间。

▶【JPEG 品质】选项：调整【JPEG 品质】参数值，可以设置位图文件在 Animate 动画中的 JPEG 压缩比例和画质，如图 10-5 所示。

图 10-5

▶【音频流】和【音频事件】选项：可以为影片中所有的音频流或事件声音设置采样率、压缩比特率以及品质，如图 10-6 所示。

图 10-6

10.1.3　设置 HTML 发布格式

在默认情况下，HTML 文档格式是随 Animate 文档格式一同发布的。要在 Web 浏览器中播放 Flash 影片，则必须创建 HTML 文档、激活影片和指定浏览器设置。勾选【HTML 包装器】复选框即可打开【HTML 包装器】选项卡，如图 10-7 所示。

图 10-7

其中各属性功能如下。

▶【模板】下拉列表框：用来选择一个已安装的模板。单击【信息】按钮，可显示所选模板的说明信息。在相应的下拉列表中，选择要使用的设计模板，如图 10-8 所示，这些模板文件均位于 Animate CC 应用程序文件夹的【HTML】文件夹中。

图 10-8

▶【检测 Flash 版本】复选框：用来检测打开当前影片所需要的最低的 Flash 版本。勾选该复选框后，【版本】选项后的两个文本框将处于可输入状态，用户可以在其中输入代表版本序号的数字。

▶【大小】下拉列表框：设置影片的【宽度】和【高度】参数值。选择【匹配影片】选项后将浏览器中的尺寸设置与电影等大，该选项为默认值。选择【像素】选项后允许在【宽度】和【高度】文本框中输入像素值；选择【百分比】选项后允许设置和浏览器窗口相对大小的尺寸，用户可在【宽度】和【高度】文本框中输入数值确定百分比。

▶【播放】选项：可以设置循环、显示菜单和设计字体参数。勾选【开始时暂停】复选框后，影片只有在访问者启动时才播放。访问者可以通过点击影片中的按钮或右击在弹出的快捷菜单中选择【播放】命令来启动影片。在默认情况下，该复选框未被勾选，这样影片载入后可以立即开始播放。勾选【循环】复选框后，影片在到达结尾时又从头开始播放。取消勾选该复选框将使影片在到达末帧后停止播放。在默认情况下，该复选框是勾选的。勾选【显示菜单】复选框后，使用户在浏览器中右击可以看到快捷菜单。在默认情况下，该复选框被勾选。勾选【设备字体】复选框后将替换用户系统中未安装的保真系统字体，该复选框在默认情况下未被勾选。

▶【品质】下拉列表框：可在处理时间与应用消除锯齿功能之间确定一个平衡点，从而在将每一帧呈现给观众之前对其进行平滑处理。

▶【窗口模式】下拉列表框：在该下拉列表框中，允许使用透明电影等特性。该选项只有在具有 Flash ActiveX 控件的 Internet Explorer 浏览器中有效。选择【窗口】选项，可在网页上的矩形窗口中以最快速度播放动画；选择【不透明无窗口】选项，可以移动 Flash 影片后面的元素（如动态 HTML），以防止它们透明；选择【透明无窗口】选项，将显示该动画所在的 HTML 页面的背景，透过动画的所有透明区域都可以看到该背景，但是这样将减慢动画播放速度。

▶【HTML 对齐】下拉列表框：在该下拉列表框中，可以通过设置对齐属性来决定影片窗口在浏览器中的定位方式，确定 Flash 影片在浏览器窗口

中的位置。选择【默认】选项，可以使影片在浏览器窗口内居中显示。选择【左对齐】、【右对齐】、【顶部】或【底部】选项，会使影片与浏览器窗口的相应边缘对齐。

▶【Flash 水平对齐】和【Flash 垂直对齐】下拉列表框设置如何在影片窗口内放置影片和在必要时如何裁剪影片边缘。

▶【显示警告消息】复选框：用来在标记设置发生冲突时显示错误消息，如某个模板的代码引用了尚未制定的替代图像。

10.1.4　设置 GIF 发布格式

GIF 是一种较方便输出动画的格式。勾选【发布设置】对话框中的【GIF 图像】复选框，在其选项卡里可以设定 GIF 格式输出的相关属性，如图 10-9 所示。

图 10-9

其中各属性功能如下。

▶【大小】选项：设定动画的尺寸。既可以使用【匹配影片】复选框进行默认设置，也可以自定义影片的高与宽，其单位为像素。

▶【播放】选项：该选项用于控制动画的播放效果。选择【静态】选项后导出的动画为静止状态，选择【动画】选项可以导出连续播放的动画。选择【动画】选项后，如果选择下面的【不断循环】单选

按钮，动画可以一直循环播放；如果选择【重复次数】单选按钮，并在旁边的文本框中输入播放次数，可以让动画循环播放，当达到播放次数后，动画就停止播放。

10.1.5 设置 OAM 发布格式

用户可以将 ActionScript、WebGL 或 HTML5 Canvas 中的 Animate 内容导出为带动画小组件的 OAM（.oam）文件。从 Animate CC 生成的 OAM 文件可以放在 Dreamweaver、Muse 和 InDesign 中。

勾选【发布设置】对话框中的【OAM 包】复选框，打开【OAM 包】选项卡，如图 10-10 所示。

图 10-10

在【海报图像】选项下面选择一个选项。

▶ 如果要从当前帧的内容生成 OAM 包，请选择【从当前帧生成（PNG）】单选按钮。如果要生成一个透明的 PNG 图像，请勾选【透明】复选框。

▶ 如果要从另一个文件生成 OAM 包，请选择【使用此文件】单选按钮，并在下面指定该文件的路径。

单击【发布】按钮后，可以查看所保存位置中的 OAM 包。

10.1.6 设置 SVG 发布格式

SVG（可伸缩矢量图形）是用于描述二维图像的一种 XML 标记语言。SVG 文件可以压缩格式并提供与分辨率无关的 HiDPI 图形，也可用于 Web、印刷及移动设备。可以使用 CSS 来设置 SVG 的样式，对脚本与动画的支持使得 SVG 成为 Web 平台不可分割的一部分。

勾选【发布设置】对话框中的【SVG 图像】复选框，打开【SVG 图像】选项卡，如图 10-11 所示。

图 10-11

其中各属性功能如下。

▶【包括隐藏图层】复选框：导出 Animate 文档中的所有隐藏图层，取消勾选该复选框将不会把任何标记为隐藏的图层（包括嵌套在影片剪辑内的图层）导出到生成的 SVG 文档中；这样，通过使图层不可见，用户就可以方便地测试不同版本的 Animate 文档。

▶【嵌入】和【链接】单选按钮：选择【嵌入】单选按钮可以在 SVG 文件中嵌入位图，如果想在 SVG 文件中直接嵌入位图，则可以使用此选项；选择【链接】单选按钮可以提供位图文件的路径链接，如果不想嵌入位图，而是在 SVG 文件中提供位图链接，则可以使用此选项。

▶【复制图像并更新链接】复选框：允许用户将位图复制到 Images 文件夹中，如果 Images 文件夹不存在，系统就会在 SVG 的导出位置下创建一个文件夹。

10.1.7 设置 SWC 和放映文件

SWC 文件用于分发组件。SWC 文件包含一个编译剪辑、组件的 ActionScript 类文件，以及描述组件的其他文件。

放映文件是同时包括发布的 SWF 和 Flash Player 的 Animate 文档。放映文件可以像普通应用程序那样播放，无须使用 Web 浏览器、Flash Player 插件或 Adobe AIR。

放映文件可以做如下设置。

▶ 若要发布 SWC 文件，请从【发布设置】对话框的左列中勾选【SWC】复选框，并单击【发布】按钮，如图 10-12 所示。

图 10-12

▶ 若要发布 Windows 放映文件，请从左列中勾选【Win 放映文件】复选框，并单击【发布】按钮。

▶ 若要发布 Macintosh 放映文件，请从左列中勾选【Mac 放映文件】复选框，并单击【发布】按钮。

▶ 若要使用与原始 FLA 文件不同的其他文件名保存 SWC 文件或放映文件，请在【输出名称】文本框内输入一个名称。

10.1.8 发布 AIR for iOS

Animate 支持发布 AIR for iOS 应用程序。AIR for iOS 应用程序可以运行于 Apple iPhone 和 iPad 上。在发布用于 iOS 的应用程序时，Animate 会将 FLA 文件转换为本机的 iPhone 应用程序。

Animate 可以直接在 iOS 上部署 AIR 应用程

序，而不用再通过 iTunes。此功能缩短了发布 AIR for iOS 应用程序所需的时间，可使效率和性能得到大幅提高（在已安装 Animate 的计算机上，需要安装 iTunes）。

在 Animate 的【发布设置】对话框中，单击【目标】（选择【AIR 32.0 for iOS】选项）下拉列表框旁边的 🔧 按钮，打开【AIR for iOS 设置】对话框，如图 10-13 所示。

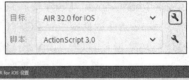

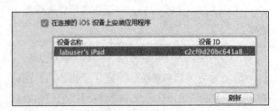

图 10-13

在【部署】选项卡中勾选【在连接的 iOS 设备上安装应用程序】复选框，并选择连接的 iOS 设备，最后单击【发布】按钮即可，如图 10-14 所示。

图 10-14

10.1.9　发布 AIR for Android

Animate CC 支持发布 AIR for Android 应用程序。AIR for Android 应用程序可以运行于安卓手机或平板上。在发布用于 Android 的应用程序时，Animate 会将 FLA 文件转换为本机的 Android 应用程序。

选择【文件】|【AIR for Android 设置】命令，打开【AIR for Android 设置】对话框，如图 10-15 所示。

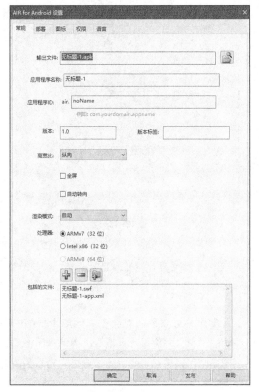

图 10-15

在【常规】选项卡中包含下列选项。

▶【输出文件】文本框：设置使用【发布】命令时创建的 AIR 文件的名称和位置，输出文件扩展名为.apk。

▶【应用程序名称】文本框：AIR 应用程序安装程序用来生成应用程序文件名和应用程序文件夹的名称。该名称只能包含在文件名或文件夹名称中有效的字符，默认为 SWF 文件的名称。

▶【应用程序 ID】文本框：通过唯一的 ID 标识应用程序。如果用户愿意，可以更改默认的 ID。

请勿在 ID 中使用空格或特殊字符，有效的字符仅限 0～9、a～z、A～Z 和. (点)，长度为 1～212 个字符。

▶【版本】文本框：可选项，指定应用程序的版本号，默认值为 1.0。

▶【版本标签】文本框：可选项，描述版本的字符串。

▶【高宽比】下拉列表框：允许将应用程序设置为【纵向】、【横向】或【自动】。当选择【自动】选项时，应用程序将根据其当前方向在设备上启动。

▶【全屏】复选框：将应用程序设置为以全屏模式运行，默认情况下取消勾选此复选框。

▶【自动转向】复选框：允许应用程序根据设备的当前方向，从【纵向】模式切换为【横向】模式。默认情况下会取消选中此设置。

▶【渲染模式】下拉列表框：允许指定 AIR 运行时使用多种方法来渲染图形内容。

▶【处理器】选项：允许用户选择要对其发布应用程序的设备所使用的处理器类型，支持的处理器类型有 ARMv7 (32 位)、ARMv8 (64 位) 和 Intel x86 (32 位)。

▶【包括的文件】列表：指定应用程序包中包括哪些其他文件和文件夹。单击加号 (+) 按钮可以添加文件，单击【文件夹】按钮可以添加文件夹。若要从列表中删除某个文件或文件夹，请选择该文件或文件夹，然后单击减号 (-) 按钮。默认情况下，应用程序描述符文件和主 SWF 文件会自动添加到包列表中。即使尚未发布 Adobe AIR FLA 文件，包列表也会显示这些文件。包列表以平面结构显示文件和文件夹。包列表不列出文件夹中的文件，但会显示文件的完整路径 (必要时会截断)。如果用户已向 ActionScript 库路径添加了任何 AIR 本机扩展文件，则这些文件也将出现在此列表中。图标文件不包括在列表中。Animate CC 在打包这些文件时，会将图标文件复制到一个相对于 SWF 文件位置的临时文件夹中，打包完成后，Animate 会删除该文件夹。

在 Animate 的【发布设置】对话框中，在【目标】下拉列表框中选择【AIR 32.0 for Android】选项，并单击下拉列表框旁边的 ✎ 按钮，可以打开【AIR for Android 设置】对话框。

【例 10-1】将文档发布为 Android 格式。视频

step① 启动 Animate CC，打开一个文档。选择【文件】|【发布设置】命令，打开【AIR for Android 设置】对话框，在【目标】下拉列表框中选择【AIR 32.0 for Android】选项，并单击下拉列表框旁边的 🔧 按钮，如图 10-16 所示。

例 10-1 发布为
Android 格式

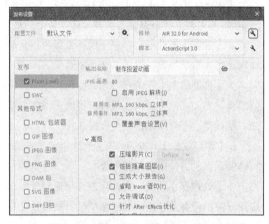

图 10-16

step② 打开【AIR for Android 设置】对话框，在【常规】选项卡中设置【输出名称】为"投篮动画.apk"，【高宽比】为【横向】，如图 10-17 所示。

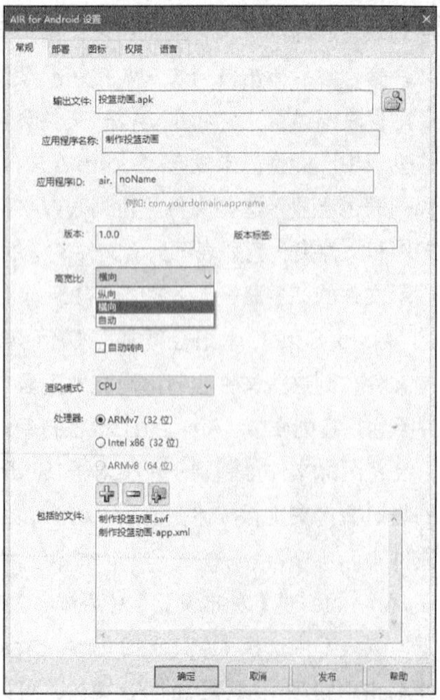

图 10-17

step③ 在【部署】选项卡中设置证书、密码等选项，最后单击【发布】按钮，如图 10-18 所示。

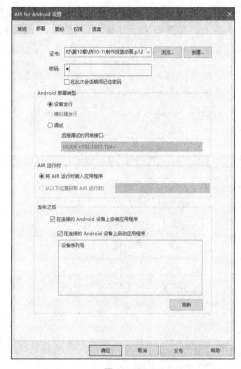

图 10-18

10.2 导出影片内容

导出影片可以创建能够在其他应用程序中进行编辑的内容，并将影片直接导出为单一的格式。导出图像则可以将 Animate 图像导出为动态图像或静态图像。

10.2.1 导出影片

要导出影片，可以选择【文件】|【导出】|【导出影片】命令，打开【导出影片】对话框，选择保存的文件类型和保存目录即可。图 10-19 所示为选择【保存类型】为【GIF 序列】格式选项，单击【保存】按钮。

打开【导出 GIF】对话框，应用该对话框的默认设置（设置大小、分辨率和颜色选项，如果导出的影片包含声音文件，还可以设置声音文件的格式），单击【确定】按钮，即可将影片导出为 GIF 格式，如图 10-20 所示。

图 10-19

图 10-20

10.2.2　导出图片

Animate CC 可以将文档中的图像导出为动态图像或静态图像，一般导出的动态图像可选择 GIF 格式，导出的静态图像可选择 JPEG 等格式。

1. 导出动态图像

如果要导出 GIF 动态图像，可以选择【文件】|【导出】|【导出图像】命令，打开【导出图像】对话框，在保存类型下拉列表中选择【GIF】格式，设置相关参数值，单击【保存】按钮，如图 10-21 所示。在打开【另存为】对话框中设置保存位置和名称，单击【保存】按钮即可。

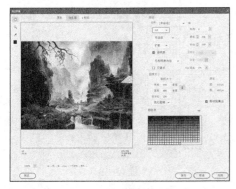

图 10-21

2. 导出静态图像

如果要导出静态图像，可以选择【文件】|【导出】|【导出图像】命令，打开【导出图像】对话框。在【保存类型】下拉列表中选择【JPEG】格式，然后设置其属性，单击【保存】按钮。打开【另存为】对话框，设置文件保存路径后，单击【保存】按钮即可完成 JPEG 文件的导出。此外，还可以使用【导出图像（旧版）】对话框导出图片文件。

【例 10-2】打开一个文档，将其中的元件导出为 JPEG 图片文件。 视频

例 10-2 元件导出为 JPEG 文件

step 1 启动 Animate CC，打开一个文档，如图 10-22 所示。

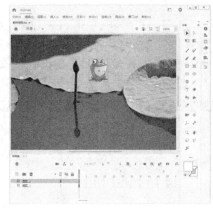

图 10-22

step 2 选择【窗口】|【库】命令，打开【库】面板。右击【元件 1】影片剪辑元件，在弹出的快捷菜单中选择【编辑】命令，如图 10-23 所示。

图 10-23

step 3 进入元件编辑窗口，选择青蛙图形。选择【文件】|【导出】|【导出图像（旧版）】命令，如图 10-24 所示。

图 10-24

step 4 打开【导出图像（旧版）】对话框，设置文件保存路径，命名为"蛙叫按钮"。设置保存类型为【JPEG 图像】格式，然后单击【保存】按钮，如图 10-25 所示。

图 10-25

step 5 打开【导出 JPEG】对话框，设置【分辨率】为默认。【包含】选择【最小影像区域】选项，并单击【确定】按钮，如图 10-26 所示。

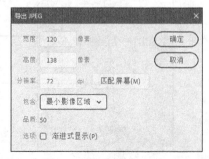

图 10-26

step 6 在保存目录中可以显示保存好的【蛙叫按钮.jpg】图片文件，如图 10-27 所示。

图 10-27

10.2.3　导出视频

Animate CC 可以导入或导出带编码音频的视频。Animate 可以导入 FLV 视频，导出 FLV 或 QuickTime（MOV）。将视频用于通讯应用程序，例如视频会议或包含从 Adobe 的 Media Server 中导出的屏幕共享编码数据的文件。

1. 导出 FLV 格式

在从 Animate 中用带音频流的 FLV 格式导出视频剪辑时，可以设置压缩该音频。用户可以从【库】面板中导出 FLV 文件的副本。首先打开包含 FLV 视频的文档，打开【库】面板，再右击面板中的 FLV 视频，在弹出的快捷菜单中选择【属性】命令，如图 10-28 所示。

图 10-28

在【视频属性】对话框中，单击【导出】按钮，如图 10-29 所示。

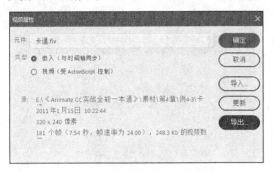

图 10-29

打开【导出 FLV】对话框，设置导出文件的保存路径和名称，单击【保存】按钮即可，如图 10-30 所示。

图 10-30

2. 导出 QuickTime 格式

Animate 提供两种方法可将 Animate 文档导出为 QuickTime 格式。

▶ QuickTime 导出：导出 QuickTime 文件，使之可以以视频流的形式或通过 DVD 进行分发，或者使之可以在视频编辑应用程序（如 Adobe Premiere Pro）中使用；QuickTime 导出功能是针对想要以 QuickTime 视频格式分发 Animate 制作的内容（如动画）的用户而设计的，请注意，用于导出 QuickTime 视频的计算机的性能可能影响视频品质，如果 Animate 无法导出每一帧，就会删除这些帧，从而导致视频品质变差；如果遇到丢弃帧的情况，请尝试使用内存更大、速度更快的计算机，或者减少 Animate 文档的每秒帧数。

▶ 发布为 QuickTime 格式：用计算机上安装的 QuickTime 格式创建带有 Animate 轨道的应用程序，这允许用户将 Animate 的交互功能与 QuickTime 的多媒体和视频功能结合在一个单独的 QuickTime 4 影片中，从而使得使用 QuickTime 4 或其更高版本的任何人都可以观看这样的影片。

10.3 课堂互动

本章的课堂互动部分是发布影片为 HTML 格式等几个实例，用户通过练习从而巩固本章所学知识。

10.3.1　发布影片为 HTML 格式

【例 10-3】打开一个文档，将其以 HTML 格式进行发布并预览。 🔴视频

发布影片为
HTML 格式

step ① 启动 Animate CC，打开一个文档。选择【文件】|【发布设置】命令，打开【发布设置】对话框。勾选左侧列表框中的【HTML 包装器】复选框，如图 10-31 所示。

图 10-31

step ② 右侧显示设置选项，选择【大小】下拉列表框内的【百分比】选项，设置【宽度】和【高度】都为 80%，如图 10-32 所示。

图 10-32

step ③ 取消勾选【显示菜单】复选框，在【品质】下拉列表框内选择【高】选项，并选择【窗口】模式，如图 10-33 所示。

step ④ 在【缩放和对齐】选项中保持默认设置，然后在【输出名称】文本框内设置发布文件的名称

和路径，如图 10-34 所示。

图 10-33

图 10-34

step 5 打开发布网页文件的目录，双击打开该 HTML 格式文件以预览动画效果，如图 10-35 所示。

图 10-35

10.3.2　发布影片为视频格式

【例 10-4】打开一个文档，将其以 QuickTime 格式发布并观看视频。🎬 视频

step 1 启动 Animate CC，打开一个文档。选择【文件】|【导出】|【导出视频/媒体】命令，打开【导出媒体】对话框，单击【输出】右侧的 🗀 按钮，如图 10-36 所示。

发布影片为视频格式

step 2 打开【选择导出目标】对话框，设置导出视频位置，输入视频名称，然后单击【保存】按钮，如图 10-37 所示。

step 3 返回【导出视频】对话框，单击【导出】按钮。

step 4 导出完成后，用户可以在导出文件夹位置找到导出的视频，如图 10-38 所示。

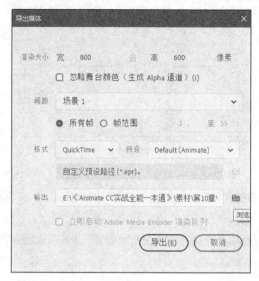

图 10-36

图 10-37

图 10-38

step 5 双击视频图标，即可观看视频，如图 10-39 所示。

图 10-39

10.4 拓展案例——导出影片为 GIF 格式

【案例制作要点】：打开【导出影片】对话框，选择【保存类型】为【GIF 序列】格式；打开【导出 GIF】对话框，应用该对话框的默认设置，并单击【确定】按钮，最后保存目录下的 GIF 序列文件，如图 10-40 所示。

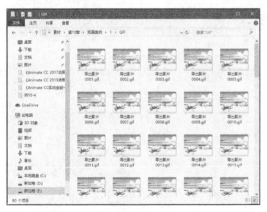

图 10-40

10.5 拓展案例——将动画发布为网页

【案例制作要点】：打开【发布设置】对话框，并勾选【HTML 包装器】复选框，设置发布选项和输出位置，单击【发布】按钮，最后网页效果如图 10-41 所示。

图 10-41

第 11 章
Animate CC 实战
综合案例

　　本章将通过多个实用案例来串联各知识点，帮助用户加深与巩固所学知识，灵活运用 Animate CC 的各种功能，提高实战综合应用的能力。

11.1 游戏制作

在 Animate CC 中可以创建多个外部类文件，下面将结合制作元件的知识，制作一个智能拼图游戏。

【例 11-1】制作一个拼图游戏。

step ① 启动 Animate CC，新建一个文档。选择【修改】|【文档】命令，打开【文档设置】对话框。设置【舞台大小】为 640 像素×400 像素，设置【舞台颜色】为蓝色，【帧频】为 30，如图 11-1 所示。

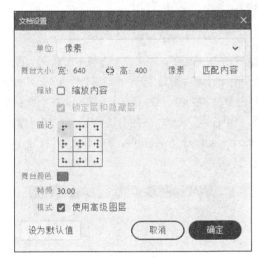

图 11-1

step ② 选择【插入】|【新建元件】命令，打开【创建新元件】对话框，创建一个名为"box_bg"的【影片剪辑】元件，如图 11-2 所示。

图 11-2

step ③ 展开【高级】属性组，勾选【为 ActionScript 导出】和【在第 1 帧中导出】复选框，在【类】文本框中输入"box_bg"，在【基类】文本框中输入"flash.display.MovieClip"，单击【确定】按钮，如

图 11-3 所示。

图 11-3

step ④ 进入该元件的编辑模式，选择【图层 1】的第 1 帧，使用【矩形工具】在舞台中绘制一个 484 像素×364 像素的矩形，颜色为橙色，如图 11-4 所示。

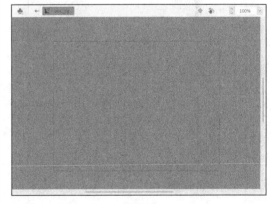

图 11-4

step ⑤ 新建【图层 2】，选择【图层 2】的第 1 帧，在舞台中绘制一个 480 像素×360 像素的矩形，颜色为粉色。新建【图层 3】，选择【图层 3】的第 1 帧，在舞台中绘制一个 492 像素×372 像素的矩形，颜色为粉色。在时间轴上将【图层 3】移动至【图层 1】下方，此时的舞台效果为 3 个矩形层叠，如图 11-5 所示。

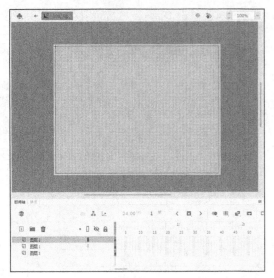

图 11-5

创建一个动态文本框，并在文本框中输入数字 0，然后打开该动态文本框的【属性】面板，在【实例名称】文本框中输入"m_num"，如图 11-7 所示。

图 11-7

step ⑥ 返回场景后，在【创建新元件】对话框中新建一个名为"pic"的【影片剪辑】元件。展开【高级】属性组，勾选【为 ActionScript 导出】和【在第 1 帧中导出】复选框，然后在【类】文本框中输入"pic"，在【基类】文本框中输入"flash.display.MovieClip"，单击【确定】按钮，如图 11-6 所示。

step ⑧ 返回场景，在【库】面板中新建一个名为"con"的【影片剪辑】元件。勾选【为 ActionScript 导出】和【在第 1 帧中导出】复选框，在【类】文本框中输入"con"，在【基类】文本框中输入"flash.display.MovieClip"，单击【确定】按钮，如图 11-8 所示。

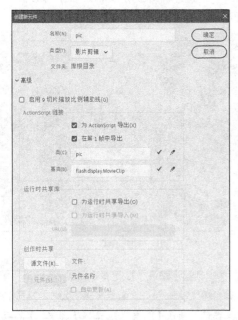

图 11-6

图 11-8

step ⑦ 新建一个名为"move_num"的【影片剪辑】元件，使用【文本工具】在舞台中创建一个静态文本框，并输入文字"移动次数"。接着在其右侧

step ⑨ 进入元件编辑模式，使用【文本工具】创建两个静态的文本框，分别输入"行数"和"列数"。接着创建两个动态的文本框并输入数字5，然后在【属性】面板中分别将其实例名称命名为"row_num"

和"col_num",如图 11-9 所示。

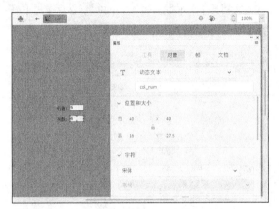

图 11-9

step 10 返回场景,在【库】面板中新建一个名为 "star_btn"的【按钮】元件。展开【高级】属性组, 勾选【为 ActionScript 导出】和【在第 1 帧中导出】 复选框。然后在【类】文本框中输入"star_btn",在 【基类】文本框中输入"flash.display.SimpleButton", 单击【确定】按钮,如图 11-10 所示。

图 11-10

step 11 进入元件编辑模式,选择【图层 1】的【弹 起】帧,然后在工具箱中选择【矩形工具】,在其 【属性】面板中设置边角半径为 100,颜色为放射 状橙色。在舞台中绘制一个按钮形状,如图 11-11 所示。

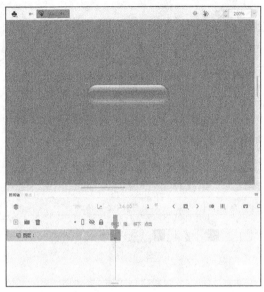

图 11-11

step 12 选择【指针经过】帧插入关键帧,然后将 颜色修改为浅一些的橙色,如图 11-12 所示。

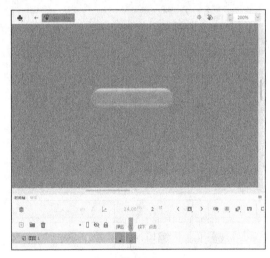

图 11-12

step 13 新建【图层 2】并选择【弹起】帧,然后 使用【文本工具】在按钮上创建一个静态文本框, 并输入文字"开始游戏"。新建【图层 3】并选择 【弹起】帧,设置其文字颜色为白色。最后在各图 层的【点击】帧上插入帧,使帧延长,如图 11-13 所示。

step 14 返回场景,在【属性】面板的【发布设 置】属性组中单击【更多设置】按钮,如图 11-14 所示。

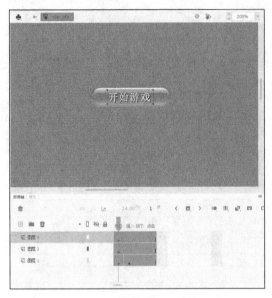

图 11-13

图 11-14

step 15 打开【发布设置】对话框，单击【脚本】后的 ↘ 按钮，如图 11-15 所示。

图 11-15

step 16 打开【高级 ActionScript 3.0 设置】对话框，在【文档类】文本框内输入"main"，然后单击【确定】按钮，如图 11-16 所示。

图 11-16

step 17 选择【文件】|【保存】命令，打开【另存为】对话框，以"智能拼图游戏"为名保存该文档，如图 11-17 所示。

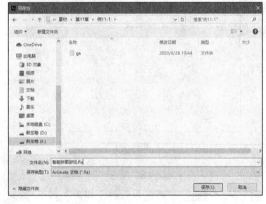

图 11-17

step 18 在保存文档的文件夹下新建一个名为"main"的 ActionScript 文件，然后在脚本窗格中输入代码（详见素材资料），如图 11-18 所示。

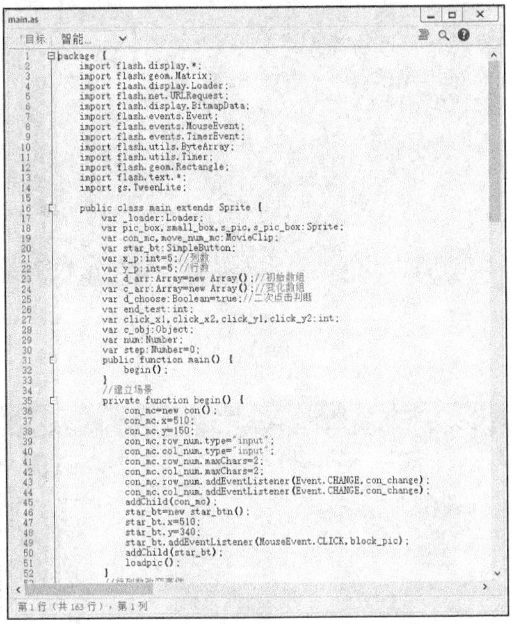

图 11-18

step ⑲　在保存文档的文件夹下新建名为 "gs" 的文件夹，并在该文件夹中新建一个名为 "TweenLite" 的类文件，然后在其脚本窗格中输入代码（详见素材资料），如图 11-19 所示。

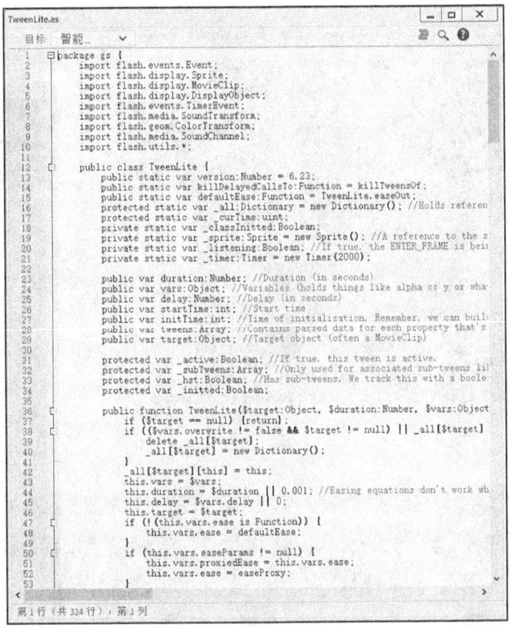

图 11-19

step ⑳　在保存文档的文件夹下放置一个名为

"myphoto" 的图片文件，如图 11-20 所示。

图 11-20

step ㉑　将所有外部类文件保存之后返回文档，并按 Ctrl+Enter 组合键测试动画效果。在动画中单击【开始游戏】按钮之后，游戏区域的图像就会被打散成碎块，单击一个碎块后，再单击另外一个碎块即可调换这两个碎块的位置，移动次数会在右侧显示，如图 11-21 所示。

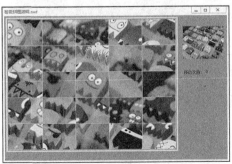

图 11-21

11.2　广告制作

先在 Animate CC 中导入图片，并创建遮罩层动画和形状补间动画，再结合制作元件的知识，制作一个服饰广告。

【例 11-2】制作一个服饰广告。

step① 启动 Animate CC，新建一个文档。选择【修改】|【文档】命令，打开【文档设置】对话框，设置【舞台大小】为 680 像素×430 像素，设置【舞台颜色】为黑色，【帧频】为 12，如图 11-22 所示。

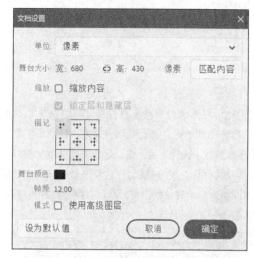

图 11-22

step② 选择【文件】|【导入】|【导入到舞台】命令，打开【导入】对话框，将一张背景图片导入舞台，如图 11-23 所示。

图 11-23

step③ 调整图片的大小及位置以适合舞台，如图 11-24 所示。

step④ 选择【插入】|【新建元件】命令，打开【创建新元件】对话框，创建一个名为"圆"的影片剪辑元件，如图 11-25 所示。

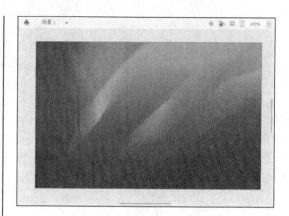

图 11-24

图 11-25

step⑤ 单击【确定】按钮进入元件编辑模式，使用【椭圆工具】绘制一个边框与填充色都为白色的圆，并将其转换为【元件 1】【图形】元件，如图 11-26 所示。

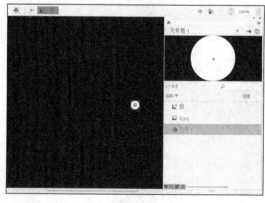

图 11-26

step⑥ 在第 3 帧、第 5 帧和第 10 帧处插入关键帧，分别选择第 1 帧和第 10 帧处的圆，在【属性】面板中设置 Alpha 值为 0%，如图 11-27 所示。

step⑦ 分别在第 1~3 帧、第 3~5 帧、第 5~10 帧之间创建传统补间动画，如图 11-28 所示。

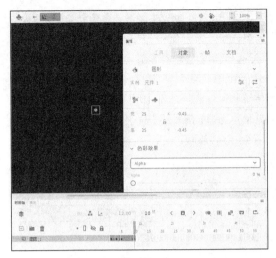

图 11-27

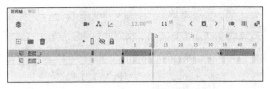

图 11-30

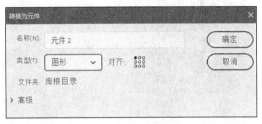

图 11-31

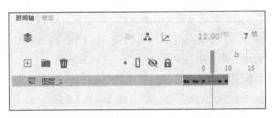

图 11-28

step⑪ 在【图层_1】的第 280 帧处插入关键帧。新建【图片 1】图层，在第 39 帧处插入关键帧。然后选择【文件】|【导入】|【导入到舞台】命令，将一张图片导入舞台，并将其转换为【元件 3】图形元件，如图 11-32 所示。

step⑧ 新建图层，并在该图层的第 10 帧处插入关键帧。打开其【动作】面板，输入代码 stop();，如图 11-29 所示。

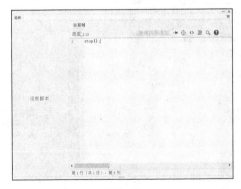

图 11-29

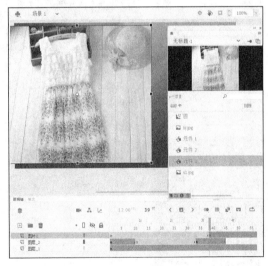

图 11-32

step⑨ 返回场景，新建【图层_2】。从【库】面板中将【圆】元件拖入舞台，然后在第 34 帧处插入关键帧，在第 45 帧处插入帧，在第 11 帧处插入空白关键帧，如图 11-30 所示。

step⑩ 选择【图层_1】的背景图片，按 F8 键将其转换为 "元件 2"【图形】元件，如图 11-31 所示。

step⑫ 在【图片 1】图层的第 41 帧、第 52 帧、第 56 帧处插入关键帧，然后选择第 39 帧和第 56 帧处的图形元件，在其【属性】面板中将 Alpha 值设置为 0%，如图 11-33 所示。

step⑬ 分别选择第 39 帧和第 52 帧，创建传统补间动画，如图 11-34 所示。

step⑭ 新建一个【z1】图层，在第 39 帧处插入关键帧。使用【椭圆工具】在图片中心位置绘制一个无边框、宽和高都为 10 像素的白色圆形，并将其转换为【y1】图形元件，如图 11-35 所示。

图 11-33

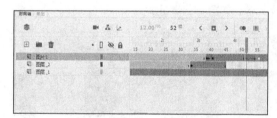

图 11-34

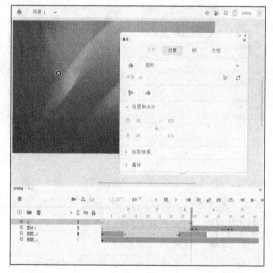

图 11-35

step⑮ 在【z1】图层的第 41 帧、第 49 帧和第 51 帧处插入关键帧，在第 56 帧插入空白关键帧。

然后选择第 39 帧处的圆形，在其【属性】面板中设置 Alpha 值为 0%。选择第 41 帧和第 51 帧处的圆形，使用【任意变形工具】将其放大。分别在第 39~41 帧、第 41~49 帧、第 49~51 帧之间创建传统补间动画。右击【z1】图层，在弹出的快捷菜单中选择【遮罩层】命令，创建的遮罩层动画如图 11-36 所示。

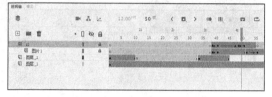

图 11-36

step⑯ 新建【图片 2】图层，在第 52 帧处插入关键帧。然后选择【文件】|【导入】|【导入到舞台】命令，将一张图片导入舞台，并将其转换为【元件 4】图形元件，如图 11-37 所示。

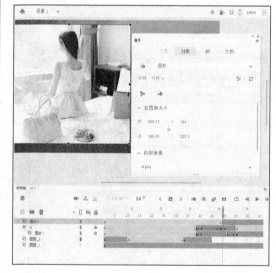

图 11-37

step⑰ 在【图片 2】图层的第 54 帧、第 72 帧和第 76 帧处插入关键帧。选择第 52 帧与第 76 帧处的图片，在其【属性】面板中设置 Alpha 值为 0%。分别在第 52~54 帧、第 72~76 帧之间创建传统补间动画，如图 11-38 所示。

step⑱ 新建一个【z2】图层，在其第 52 帧处插入关键帧。从【库】面板中将【y1】元件拖入舞台，然后在第 54 帧、第 62 帧和第 64 帧处插入关键帧，在第 77 帧处插入空白关键帧，如图 11-39 所示。

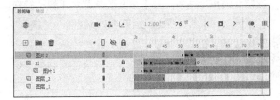

图 11-38

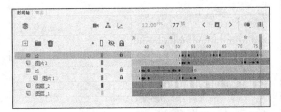

图 11-39

step 19 选择【z2】图层第 52 帧处的圆形，在其【属性】面板中设置 Alpha 值为 0%。选择其第 62 帧和第 64 帧处的圆形，使用【任意变形工具】将其放大。分别在第 54~62 帧、第 62~64 帧之间创建传统补间动画。右击【z2】图层，在弹出的快捷菜单中选择【遮罩层】命令，创建的遮罩层动画如图 11-40 所示。

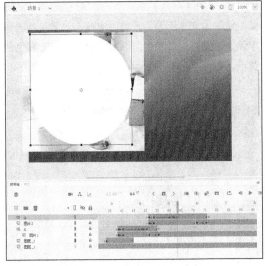

图 11-40

step 20 新建【图片 3】图层，在第 64 帧处插入关键帧。然后选择【文件】|【导入】|【导入到舞台】命令，将一张图片导入舞台，并将其转换为【元件 5】图形元件，如图 11-41 所示。

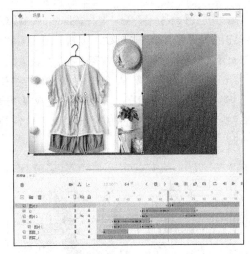

图 11-41

step 21 在【图片 3】图层的第 66 帧处插入关键帧。选择第 64 帧处的图片，在其【属性】面板中设置 Alpha 值为 0%，在第 64~66 帧之间创建传统补间动画，如图 11-42 所示。

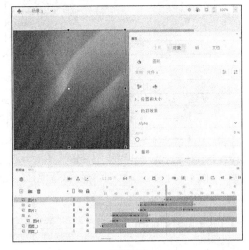

图 11-42

step 22 新建【z3】图层，在第 64 帧处插入关键帧。从【库】面板中将【y1】元件拖入舞台中，然后在第 66 帧、第 74 帧和第 76 帧处插入关键帧，如图 11-43 所示。

图 11-43

step 23 选择【z3】图层第 64 帧处的圆形，在其【属性】面板中设置 Alpha 值为 0%。选择第 74 帧和第 76 帧处的圆形，使用【任意变形工具】将其放大，分别在第 66～74 帧、第 74～76 帧之间创建传统补间动画。右击【z3】图层，在弹出的快捷菜单中选择【遮罩层】命令，创建的遮罩层动画如图 11-44 所示。

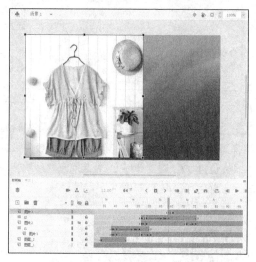

图 11-44

step 24 新建【线条 1】图层，在第 81 帧处插入关键帧。使用【线条工具】绘制一条宽为 1 像素的白色直线。在【线条 1】图层第 86 帧处插入关键帧，选择线条，在其【属性】面板中设置线条宽为 500 像素。在第 81～86 帧之间创建形状补间动画，如图 11-45 所示。

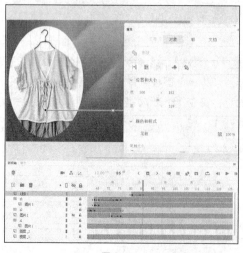

图 11-45

step 25 新建【线条 2】图层，在第 83 帧处插入关键帧。使用【线条工具】绘制一条宽为 1 像素的白色直线。在【线条 2】图层第 88 帧处插入关键帧，选择线条，在其【属性】面板中设置线条宽为 485 像素。在第 83～88 帧之间创建形状补间动画，如图 11-46 所示。

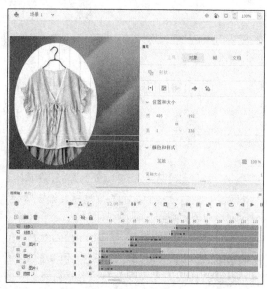

图 11-46

step 26 新建【字 1】图层，在第 90 帧处插入关键帧。使用【文本工具】在舞台中输入"清新夏日"，字体为华文彩云，大小为 30pt，间距为 1，颜色为黄色，如图 11-47 所示。

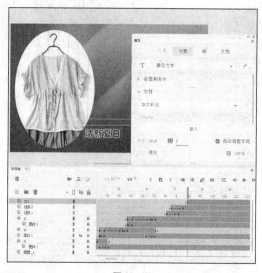

图 11-47

step ㉗ 在【字 1】图层的第 100 帧、第 107 帧、第 111 帧、第 115 帧、第 117 帧和第 119 帧处插入关键帧，在 109 帧、第 113 帧和第 117 帧处插入空白关键帧，在第 90～100 帧之间创建传统补间动画，如图 11-48 所示。

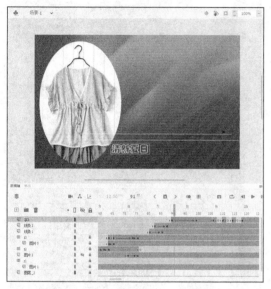

图 11-48

step ㉘ 新建【字 2】图层，在第 120 帧处插入关键帧。使用【文本工具】在舞台中输入"荷芙女装"，字体为华文行楷，大小为 30pt，间距为 3，颜色为白色，如图 11-49 所示。

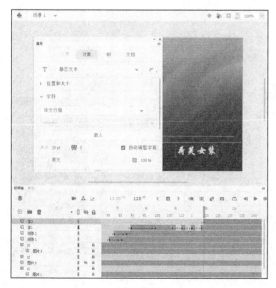

图 11-49

step ㉙ 选择文字，按 F8 键，将其转换为【影片剪辑】元件，然后在【字 2】图层第 131 帧处插入关键帧。选择第 120 帧处的文本，在其【属性】面板中设置 Alpha 值为 0%。然后在第 120～131 帧之间创建传统补间动画，如图 11-50 所示。

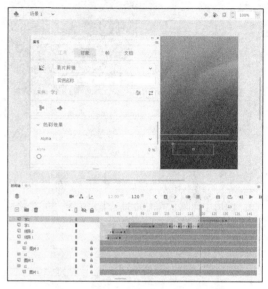

图 11-50

step ㉚ 新建【图片 4】图层，在第 133 帧处插入关键帧。然后选择【文件】|【导入】|【导入到舞台】命令，将一张图片导入舞台中，并将其转换为【元件 6】图形元件，如图 11-51 所示。

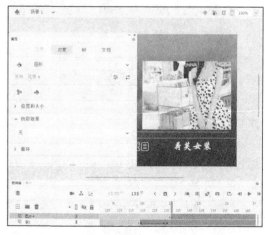

图 11-51

step ㉛ 在【图片 4】图层第 142 帧处插入关键帧。选择第 133 帧处的图片，在其【属性】面板中设置 Alpha 值为 0%。在第 133～142 帧之间创建传统补间动画，如图 11-52 所示。

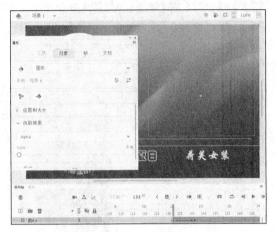

图 11-52

step 32 新建【z4】图层，在第 133 帧处插入关键帧。使用【椭圆工具】绘制一个无边框、填充色为黑色的正圆，如图 11-53 所示。

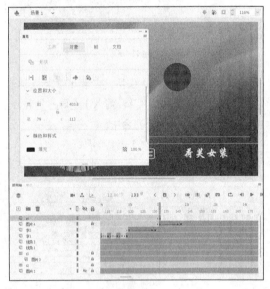

图 11-53

step 33 在【z4】图层第 138 帧、第 143 帧、第 156 帧、第 171 帧处插入关键帧。分别选择这些关键帧中的圆形，使其上下移动，然后分别为这些关键帧创建形状补间动画，如图 11-54 所示。

step 34 在【z4】图层第 178 帧和第 205 帧处插入帧。选择第 205 帧中的圆形，使用【任意变形工具】将其放大。然后在第 178～205 帧之间创建形状补间动画，如图 11-55 所示。

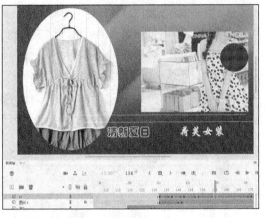

图 11-54

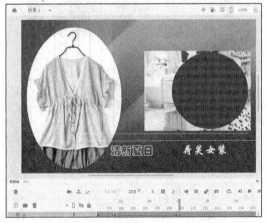

图 11-55

step 35 将【z4】图层设置为遮罩层，如图 11-56 所示。

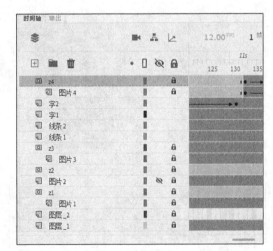

图 11-56

step 36 以"女装广告"为名保存文档，并按 Ctrl+

Enter 组合键测试动画效果，如图 11-57 所示。

图 11-57

11.3 课件制作

下面在 Animate CC 中转换元件、调整元件属性、新建场景，并结合输入代码创建交互功能的知识，制作一个教学课件。

【例 11-3】制作一个教学课件。

step 1　启动 Animate CC，新建一个文档。选择【修改】|【文档】命令，打开【文档设置】对话框，设置【舞台大小】为 756 像素×520 像素，设置【舞台颜色】为黑色，【帧频】为 12，如图 11-58 所示。

图 11-58

step 2　选择【插入】|【新建元件】命令，打开【创建新元件】对话框。创建一个名为"跳转"的【按钮】元件，单击【确定】按钮，进入元件编辑模式，如图 11-59 所示。

图 11-59

step 3　使用绘图工具绘制一个红色的箭头形状，如图 11-60 所示。

图 11-60

step 4　在【点击】帧上插入关键帧，使用【矩形工具】在箭头上绘制一个无边框、任意填充色的矩形，如图 11-61 所示。

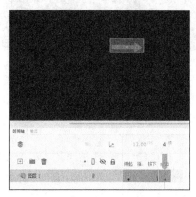

图 11-61

step 5　返回场景，选择【插入】|【新建元件】命令，打开【创建新元件】对话框。创建一个名为"重播"的【按钮】元件，单击【确定】按钮，进入元件编辑模式，如图 11-62 所示。

图 11-62

step 6 选择【文件】|【导入】|【导入到舞台】命令，打开【导入】对话框，将一张图片导入舞台，如图 11-63 所示。

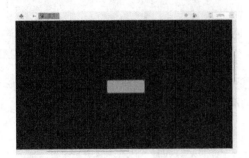

图 11-63

step 7 使用【文本工具】在绿色矩形上输入白色文字"重播"，如图 11-64 所示。

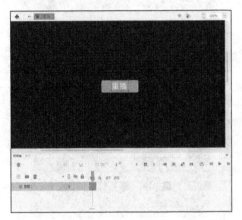

图 11-64

step 8 返回场景，选择【插入】|【新建元件】命令，打开【创建新元件】对话框。创建一个名为"退出"的【按钮】元件，单击【确定】按钮，进入元件编辑模式，如图 11-65 所示。

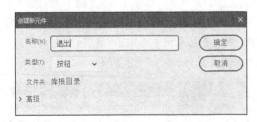

图 11-65

step 9 选择【文件】|【导入】|【导入到舞台】命令，打开【导入】对话框，将一张图片导入舞台。使用【文本工具】在矩形上输入白色文字"退出"，

如图 11-66 所示。

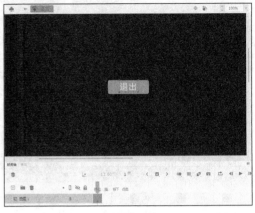

图 11-66

step 10 返回场景，选择【文件】|【导入】|【导入到舞台】命令，打开【导入】对话框，将一张图片导入舞台，如图 11-67 所示。

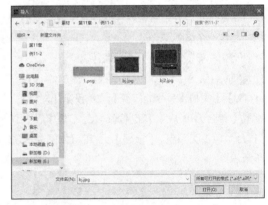

图 11-67

step 11 在第 85 帧处插入帧，如图 11-68 所示。

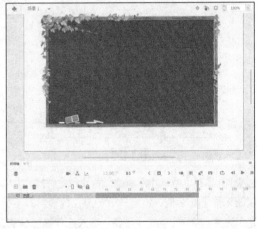

图 11-68

step ⑫　新建图层，在第 12 帧处插入关键帧。使用【文本工具】输入文字，并转换为【图形】元件，如图 11-69 所示。

图 11-69

step ⑬　在第 30 帧处插入关键帧。选择第 12 帧处的文字，在其【属性】面板中设置 Alpha 值为 0%，如图 11-70 所示。

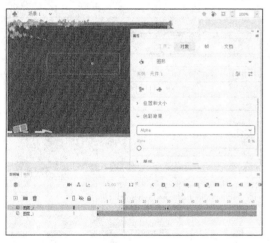

图 11-70

step ⑭　在第 12～30 帧之间创建传统补间动画，如图 11-71 所示。

step ⑮　选择【窗口】|【场景】命令，打开【场景】面板。单击【添加场景】按钮，新建【场景 2】，如图 11-72 所示。

step ⑯　选择【文件】|【导入】|【导入到舞台】命令，打开【导入】对话框，将一张图片导入舞台，如图 11-73 所示。

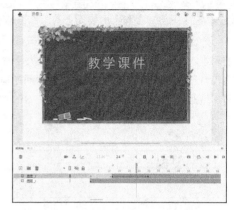

图 11-71

图 11-72

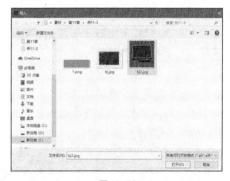

图 11-73

step ⑰　新建图层，使用【矩形工具】在舞台中央位置绘制一个无边框、任意填充色的矩形，如图 11-74 所示。

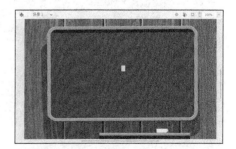

图 11-74

step 18 在【图层_1】和【图层_2】的第 120 帧处插入帧，在【图层_2】的第 30 帧处插入关键帧，并使用【任意变形工具】将该帧的矩形放大至完全遮住舞台。在第 1～30 帧之间创建形状补间动画，如图 11-75 所示。

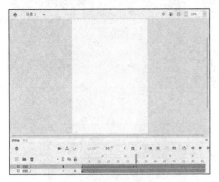

图 11-75

step 19 将【图层_2】设置为遮罩层，如图 11-76 所示。

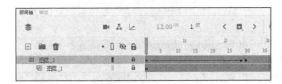

图 11-76

step 20 新建【图层_3】，在第 35 帧处插入关键帧。然后在舞台上输入文字，并将文字转换为【图形】元件，如图 11-77 所示。

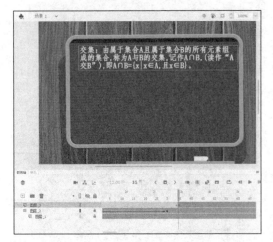

图 11-77

step 21 在【图层_3】的第 50 帧处插入关键帧。选

择第 35 帧处的文字，在其【属性】面板中设置 Alpha 值为 0%。将第 50 帧处的文字向下移动，然后在第 35～50 帧之间创建传统补间动画，如图 11-78 所示。

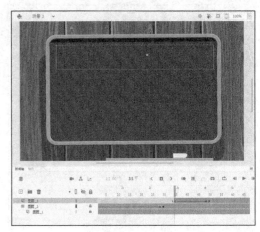

图 11-78

step 22 新建【图层_4】，在第 65 帧处插入关键帧。从【库】面板中将【跳转】元件拖入舞台中，然后在其【属性】面板中将实例名称改为"btn1"，如图 11-79 所示。

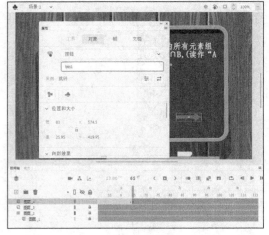

图 11-79

step 23 新建【图层_5】，在其第 80 帧处插入关键帧，打开其【动作】面板，输入代码（详见素材资料），如图 11-80 所示。

step 24 在【图层_4】第 80 帧处插入关键帧。选择第 65 帧处的【按钮】元件，在【属性】面板中设置 Alpha 值为 0%。将第 80 帧处的元件向右移动，然后在第 65～80 帧之间创建传统补间动画，如图 11-81 所示。

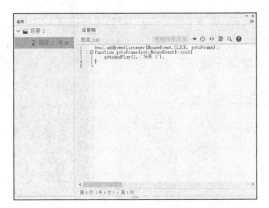

图 11-80

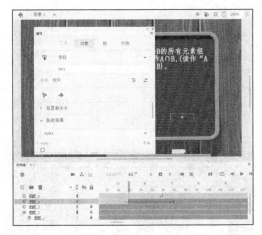

图 11-81

step 25 打开【场景】面板,新建【场景 3】,如图 11-82 所示。

图 11-82

step 26 导入图片到舞台。新建【图层_2】,使用【文本工具】输入文字,如图 11-83 所示。

step 27 在【图层_1】和【图层_2】第 120 帧处插入帧。新建【图层_3】,在第 25 帧处插入关键帧。将【退出】元件拖入舞台,在其【属性】面板中将实例名改为 "xx2",如图 11-84 所示。

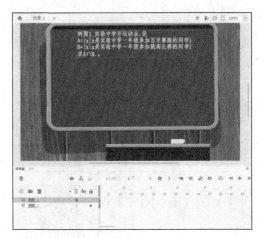

图 11-83

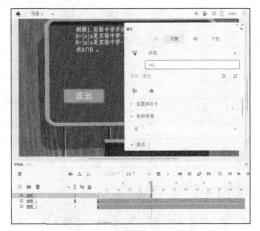

图 11-84

step 28 在【图层_3】第 40 帧处插入关键帧。选择第 25 帧处的元件,在其【属性】面板中设置 Alpha 值为 0%。将第 40 帧处的元件向右移动,在第 25~40 帧之间创建传统补间动画,如图 11-85 所示。

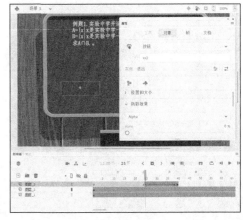

图 11-85

step㉙ 新建【图层_4】，在第 25 帧处插入关键帧。将【重播】元件拖入舞台，在其【属性】面板中将实例名改为"xx3"，如图 11-86 所示。

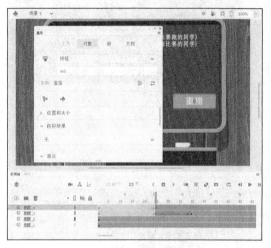

图 11-86

step㉚ 在【图层_4】第 40 帧处插入关键帧。选择第 25 帧处的元件，在其【属性】面板中设置 Alpha 值为 0%。将第 40 帧处的元件向左移动，在第 25~40 帧之间创建传统补间动画，如图 11-87 所示。

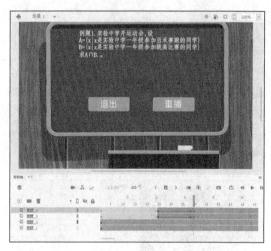

图 11-87

step㉛ 新建【图层_5】，在第 40 帧处插入关键帧。打开其【动作】面板，输入代码（详见素材资料），如图 11-88 所示。

图 11-88

step㉜ 以"教学课件"为名保存文档，并按 Ctrl+Enter 组合键测试动画效果，如图 11-89 所示。

图 11-89